高等职业技术院校房地产类规划教材

GAODENG ZHIYE JISHU
YUANXIAO FANGDICHAN LEI GUIHUA JIAOCAI

家装工程质岗实训手册

主　审　范幸义

主　编　杜异卉　叶颖娟　张　驰

副主编　张勇一　杨　志　何　峰

参　编　傅乙师　刘世为　黄钰茹　水天慧
　　　　张红英　何春柳　夏洪波　冷　征
　　　　李　灵　陈　潇

西南交通大学出版社

·成 都·

图书在版编目（CIP）数据

家装工程顶岗实训手册 / 杜异卉，叶颖娟，张驰主编. —成都：西南交通大学出版社，2015.8（2017.8 重印）

高等职业技术院校房地产类规划教材

ISBN 978-7-5643-4042-1

Ⅰ. ①家… Ⅱ. ①杜… ②叶… ③张… Ⅲ. ①住宅－室内装修－高等职业教育－教材 Ⅳ. ①TU767

中国版本图书馆 CIP 数据核字（2015）第 162018 号

高等职业技术院校房地产类规划教材

家装工程顶岗实训手册

主编 杜异卉 叶颖娟 张 驰

责任编辑	胡晗欣
封面设计	何东琳设计工作室
出版发行	西南交通大学出版社 （四川省成都市二环路北一段 111 号 西南交通大学创新大厦 21 楼）
发行部电话	028-87600564 028-87600533
邮政编码	610031
网址	http://www.xnjdcbs.com
印刷	四川玖艺呈现印刷有限公司
成品尺寸	185 mm × 260 mm
印张	12
字数	298 千
版次	2015 年 8 月第 1 版
印次	2017 年 8 月第 2 次
书号	ISBN 978-7-5643-4042-1
定价	39.80 元

课件咨询电话：028-87600533

图书如有印装质量问题 本社负责退换

前　言

在装饰装修行业迅猛发展的今天，社会对专业设计人员和专业技术人员的需求量也在逐年增加，装饰工程从业人员已经成为备受关注的职业，被媒体誉为“金色灰领职业”。

为了满足社会的需求，一批各具特色的装饰装修相关教材也如雨后春笋般涌现了出来。但这些教材多是从原理和概念的角度去阐释装饰工程中的某个内容，形式较为单一，离实际工作也存在一定距离。这对于高职学生职业能力的培养来说无疑是一个重大的缺憾。

鉴于此，我们编写了这套类似于顶岗实训指导的教程，本书以一个实际的家装工程案例作为切入点，详细剖析家装行业中单个项目的运作流程。使装饰工程中的谈单、设计、预算、施工、验收、软装配饰等各工作环节环环相扣，循序渐进，从而打通初学者的任督二脉，解决高职高专学生在生产性顶岗实习中的疑难困惑。

本书在编写中紧扣高等职业教育特点，根据高职高专装饰类专业培养目标和实训要求，力求做到内容精炼、重点突出、通俗易懂、图文并茂、学以致用。本书适用于高等职业院校项目式课程改革使用，也可作为装饰装修行业从业人员的岗位培训教材、参考书和阅读用书。

全书共五个工作环节，主要内容包括开启美好的职业生涯、设计环节、预算环节、施工环节和软装配饰环节。其中，项目一由重庆房地产职业学院杜异卉编写；项目二由重庆房地产职业学院叶颖娟编写；项目三由重庆房地产职业学院张勇一编写；项目四 4.1 节由苏州金螳螂装饰有限公司杨志编写，4.2 节由重庆西南大学何峰编写，4.3 节由重庆房地产职业学院杜异卉编写；项目五由重庆房地产职业学院叶颖娟、重庆航天职业技术学院张驰联合编写。全书由杜异卉担任主编和统稿，并由重庆房地产职业学院范幸义教授主审。

最后，特别感谢金螳螂建筑装饰股份有限公司家装E站、重庆昊色堂建筑设计咨询公司、重庆木问家俬有限公司、重庆玄武装饰公司、成都王强工作室对本书的大力支持。在他们的配合协助下，我们获得了大量的真实案例、照片素材及宝贵的建议，让本手册的可读性和实用性大大增强。

本书大量地列举了家装工程设计案例的照片，目的是让读者对家装空间目前的状况有广泛的了解，通过成功案例理解设计的直观效果，从而提高学生的设计水平和工作能力。本书所列举的图文，部分来自网络，由于作者不详，因此无法征得同意，一一标明出处，在此向提供图片的单位及个人表示由衷的感谢。如有不妥之处，请与编者联系。

编　者

2015年4月

目录

项目一 开启美好的职业生涯

职业能力目标

- 了解家装业务的基本概念
- 掌握家装项目的基本流程
- 知道一般家装公司的组织构架
- 熟悉家装从业人员的岗位职责及素质要求

1.1 规划你的设计人生

年轻的朋友，欢迎开启室内设计师职业生涯！

首先让我们重新来定义一下这个行业，什么是室内设计？

室内空间通常指因建筑物而产生，由顶面、地面和墙面围合而成的空间。室内设计是根据建筑物的使用性质、所处环境和相应标准，运用物质技术手段和设计美学原理，创造功能合理、舒适优美、满足人们物质和精神生活需要的室内空间环境。

可见，室内设计师既要同室内空间打交道，又不缺少与人的交流。作为一门实操性很强的专业，室内设计对从业者的综合素质要求颇高。业界普遍认为专业的室内设计师应该具备以下几方面的能力（如表 1-1 所示）。

表 1-1

序号	知　识	能　力	素　养
1	室内设计理论知识	CAD 制图和效果图表现能力	一定的文化素养
2	装饰材料及施工工艺知识	创新思维能力	良好的艺术素养
3	相应行业规范和法律常识	良好的人际交往能力	优秀的职业素养

当然，除了以上这些，要成为一名优秀的室内设计师，还需长期的生活阅历和经验积累，而这些正是我们这些初出茅庐的年轻人较为欠缺的。本书以室内设计中的家装工程为主要内容，通过观察一位年轻设计师的成长经历，来解构居住空间室内设计项目从设计到竣工验收的全部过程，以帮助大家成功迈出踏入职场的第一步。

【情景描述】

作为一个聪明能干的小伙子，TIM 从来都不走寻常路。从室内设计专业毕业的他打算自主创业——和几个志同道合的同学开一家属于自己的家装公司。在校期间，TIM 他们也曾做过一些仿真快题设计，但对于整个家装项目的运作流程还并不十分了解。于是 TIM 决定利用暑假先到家装公司进行顶岗实习，以便开阔眼界、积累经验。

特别提示

传统家装项目所包含的内容

1. 房屋结构改造；
2. 水路、电路、供热通风系统的完善改造；
3. 门窗工程；
4. 地面墙面天花工程；
5. 空间隔断和储物柜、展示柜。

1.2　让我们从最基本的开始

在我国，房屋基本上不是量身定做，而是由开发商事先设计好室内空间的格局，由消费者根据自己的需要来选择房屋的大小和户型结构。但是，由于开发商建筑的房屋，在结构上与每个家庭的居住要求不完全吻合，因此，很多人在新房领到手后，都对房屋结构进行第二次改造，家庭装修由此成为了市场的必然，家装公司也应运而生。

2000 年前后，是中国家装行业火爆发展时期，家装公司的数量以每年 200%、300% 的速度凶猛递增。快速的增长在满足市场需求的背后也加剧了行业内的竞争，一些综合实力较强的公司和室内设计工作室，早已开始主攻一体化的高端家装市场，而其他更多实力较弱，或知名度不高的小公司则仍在薄利多销的价格战中继续搏杀。

我们应该认识到的是，随着物质生活水平的逐步提高，消费者对家庭装修提出了新的要求。在实现功能合理、造型美观、价格合理的基础上，更强调了家装的个性化、绿色化、低碳化。另外，随着建设高潮的减退，旧房的重新装修必然成为设计师接触最多的项目，设计师的工作角色也会由单纯的设计转向综合性的工作，如购买配套软装、资金控制、动手制作个性家具等转变。

【情景描述】

经授业恩师的推荐，TIM 在罗总的公司得到了一个面试的机会。罗总在装饰行业闯荡多年，在业界颇有声望，10 年前由他创办的建筑装饰公司，如今已是枝繁叶茂，花开遍地了。罗总亲切地接待了这名虽未毕业却踌躇满志的年轻人，跟他聊起了很多关于装饰行业的事。这次谈话让 TIM 感到受益匪浅，事实上，他已经兴奋起来，他期待着能快点投入到岗位实践中去，更期待自己某天也可以成为罗总那样的行业精英。

1.2.1　家装公司承包范围

1. 全　包

全包又分为广义全包和狭义全包。

（1）广义全包就是将客户家装所有的项目一包在内，包括家具、家电、主材、辅材和施工，客户只需要将日常用品和行李拎进新居就行。

（2）狭义全包是指包括家装主材、辅材和施工，一般不包括家具、家电等项目。

2. 半　包

半包是指只包辅材和施工，不包括主材，像地板、地砖、窗帘、锁具、灯具开关等主材都由客户自己提供。

3. 包清工

包清工指不管是主材还是辅材，都由客户自己购买，装修公司或施工队只承包施工项目。一般来说，包清工形式家装公司采用的比较少，除极少数公司或工程施工外，大多数公司都采用半包形式。

4. 家装配套

有些家装公司在半包之外，又增设了一些配套项目，主要指对主材、家具、家电、饰品类的配套销售。为降低公司风险，家装公司一般都不会将配套与施工混在一起签订。

特别提示

主材包括地板、地砖、窗帘、橱柜、石材、台面、五金、锁具、灯具、开关等。

辅材常指木方、细木工板、饰面板、胶黏剂、油漆涂料、腻子粉、施工五金（铁钉、镙丝、汽钉、射钉）、水泥砂子、红砖、保温材料、吊顶材料等。

1.2.2 家装工程项目流程

在传统的家装市场中，普通家装工程项目一般会经过这几个阶段：客户咨询期、专一服务期、工程施工期、工程验收期以及售后服务期（图 1-1）。

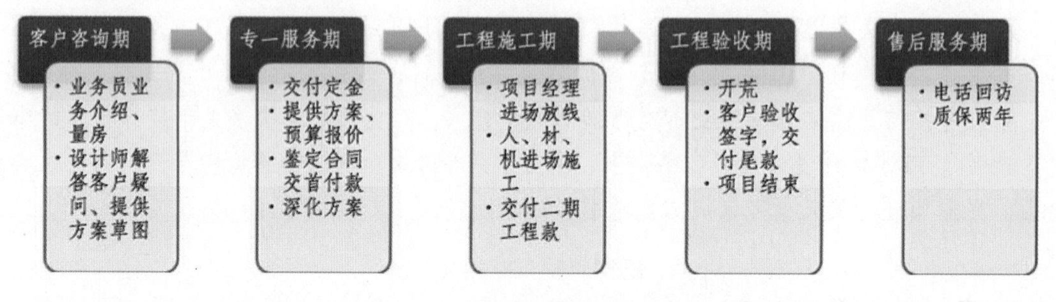

图 1-1 普通家装项目流程图

每个阶段都有主要的负责人，比如在客户咨询期，主要负责人就是业务员；专一服务期的主要负责人就是设计师；工程施工期主要由项目经理来负责；而验收期则由质检员完成。当然，为了确保设计效果，以上所有阶段均需要设计师的用心参与，设计师是唯一从头到尾都要在项目流程中出现的人。

1.2.3　项目分工及职责

1. 一般家装公司组织结构（图 1-2）

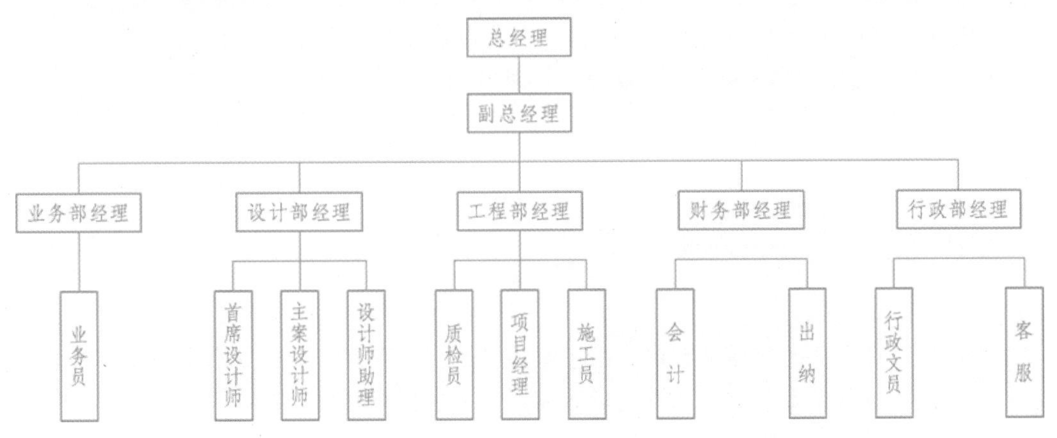

图 1-2　家装公司组织结构图

2. 重要基层岗位及相关职责

业务员：负责了解所辖区域楼盘信息，挖掘客户资源，建立客户关系，开拓业务市场。

设计师：主要负责谈单、签单，以及在签订装修合同后负责进行量房、装修工程设计及方案效果图设计、工程施工图设计、工程设计交底等工作。

设计师助理：协助设计师量房、绘制房屋结构图和施工图。

项目经理：在装修公司中对客户家居装修施工负责的人，通常需要购买部分材料，组织工人施工确保工程质量。

工程监理：又称巡检，主要负责对工地现场进行材料、质量、卫生的监督和协调。

特别提示

建筑与地产专业术语

1. 楼盘：由具备开发资质的开发商承担设计、建设并聚集在某一处进入市场上销售的房子。楼盘一般指商品房，指正在建的或正在出售的楼房。

2. 开发商：对楼盘进行统一规划、设计、建筑、销售的公司。

3. 物业公司：对小区内进行保安、维护、服务、管理的公司。

4. 户型：单位商品房的内部空间区分，如二室一厅一卫、三室二厅双卫等。

5. 玄关：进户门内的附近区域，通常用作进门换鞋、临时挂衣、阻隔客厅视线，玄关有独立式和敞开式两种。

6. 入户花园：在入户门与客厅门之间设计了一个类似玄关概念的花园，起到入户门与客厅的连接过渡作用。

7. 建筑面积：包含房屋墙体、公摊面积在内的房屋面积。

8. 套内面积：又称使用面积，是指房间内的净面积（不含墙体和公摊）。

9. 开盘：楼盘对外正式公开发售（通常在楼盘封顶之际）。

10. 入住：楼盘内外建筑结束，业主领钥匙开始进住。

1.3 设计前的任务——签单

达成项目设计委托的前提是签单。由于家装设计往往受到资金、家庭审美观点等多方面的限制，所以确保签单有效进行的重要原则就是——在客户的预算限制内，顺应其审美观，把公司服务和设计理念推销出去。

签单是一门艺术，是一门需要与人沟通、了解客户需求并能满足客户需求的营销艺术。优秀的家装设计师应该在追求设计能力提升的同时，重视营销能力的提升。

【情景描述】

鉴于TIM是一个毫无经验的年轻人，公司人事部给他安排了一个家装顾问的职位，这份工作的主要内容是为公司寻找业务来源。虽然TIM希望成为一名室内设计师，但他还是欣然地接受了公司的指派。没有业务，设计从何谈起？TIM相信，即使是小小的家装顾问也同样能学到东西。

上班第一天，TIM就被派到一个楼盘去蹲点。他的任务就是尽可能地多接触潜在客户，向他们推荐公司业务，并协助设计师促成签单。TIM意识到，业务员代表了公司的形象，业务员的工作是否专业会在很大程度上影响客户是否签单。为此，TIM把自己从头到脚地包装了一番，努力让自己显得更成熟稳重，令人信服。他主动寻找客户，并给予他们专业的装修建议。TIM不计得失的周到服务打动了不少挑剔的业主，半个月下来，TIM量了10套房，签了3个单，签单总额达到50万元。业务部经理脸上笑开了花，他拍着TIM的肩膀道："小伙子，真不简单！"

想要顺利地开展业务，建立良好的第一印象十分重要。当我们第一次接触一个客户，无论我们和他谈什么，我们的目的应该是如何利用第一次短暂的接触尽快地和客户成为朋友，动用个人的人格魅力去影响客户，以最终建立起互惠信任的关系。

通常家装客户的类型主要分为以下三种：

1. 完全明确型

这类客户往往主观意愿强烈，且有一定的装修经验，对自己想要什么非常清楚，面对这样的客户，我们重点是要把握他的需求标准，主要向他推销产品质量和售后期服务。

2. 半明确型

这类客户一般处于徘徊选择期，他们对市场已经做过基本的了解和咨询。与众不同的设计理念比较容易打动这类客户，另外项目过程管理的标准化也是他们感兴趣的内容。

3. 不明确型

这类客户往往都是第一次装修，对装饰市场缺乏了解，对自己的需求也不是很明确。当问及其有什么要求时，这类客户常常会只给一些比较模糊的概念，比如："好看就行了、实用就可以了"。面对这种客户，应该拿对方可能存在的问题，向他去求证，帮助他找到问题，创造需求。

特别提示

装饰业务员谈单技巧

一、业务之前先两问

1. 我公司有什么特点？（价格、设计、施工质量、售后服务）
2. 我能为客户提供哪些优质服务？

二、做好谈业务的充分准备

1. 检查公文包。（足够的名片和宣传资料）。
2. 准备1～3个能看的样板间。（最好是施工和装好的都有）
3. 了解小区信息。（户型、面积、房价、园区景观规划、小区家装规定）
4. 检查自己的形象。（衣着、发型、微笑）

三、具体拦截技巧

1. 态度认真、处事稳重。
2. 嘴勤、腿勤、手勤。
3. 保持热情，主动出击。
4. 主动要求量房能有效提高签单率。

项目二
设计环节实务

职业能力目标

- 学会有技巧性地与客户沟通交流
- 能通过现场实地考察，测量绘制项目土建图
- 掌握方案概念初步形成的过程
- 掌握方案深化的规范及实践技巧

作为服务行业的一员，室内设计师的宗旨就是尽可能地满足客户对空间的需求。室内设计师必须知道如何规划一个空间，并使方案可视化，以便有效地传达给客户。他们还必须了解相关的材料和产品，清楚选择怎样的质地、颜色、灯光才能营造出预想的效果。此外，他们必须明确这个方案在结构要求、建筑规范、施工技术等方面的可行性。

最后，设计者还必须是耐心的倾听者和沟通调解的高手。因为他们不但要正确掌握客户的真实意愿，还要经常与建筑师、承包商，以及协同工作的其他服务供应商们一起进行有效的谈判和调解。

家装设计师岗位职责：

（1）店面接洽客户来访。

（2）现场测量待装修房屋。

（3）主持装修方案设计、预算，完成设计任务，做出符合客户要求的设计方案。

（4）代表公司同客户签订装修合同。

（5）主持施工现场技术交底。

（6）跟踪施工过程，解决施工中相关设计问题。

（7）主持施工中的设计变更。

（8）融洽客户关系。

（9）立足本岗位工作，提出合理化建议。

特别提示

室内设计专业术语

1. 硬装：对房屋室内基础功能的补充完善，例如铺地砖、墙砖，做门套，安门，铺装地热、暖气、新风和上下水改造。

2. 软装：又称配饰设计，是为了美化房间，营造气氛而进行的辅助装饰工作。如灯饰、家具、色彩调和、窗帘、壁画、摆件、背景墙、吊棚等。

3. 预算：对装饰资金的前期规划和施工项目费用的计划。

4. 工程款：装修公司承包业主家庭装修的合同价款，通常又分为首付、二期、尾款。

5. 装修合同：装修公司与业主之间就装修工程施工达成的合作协议，以明确和约束双方的责、权、利行为。

6. 项目提点：在设计师不收取设计费的情况下，装修公司会给设计师一定的工程项目款提成，因为通常是以总工程款的百分点来进行计算，俗称提点。

2.1 进行设计前期准备

【情景描述】

TIM 除了完成自己的分内事以外，还主动为设计师们绘制所量的户型图。很快，TIM 的专业精神得到了设计部经理的赏识，他被调到了室内设计部，并成为主任设计师 BRAIN 的设计助理。由于这位经验丰富的主任设计师一般只接受客户的直接委托，TIM 工作性质也由原来的业务员变成了货真价实的设计学徒。

周六的下午，TIM 没有放假，因为 BRAIN 约见了两位客户，这可是 TIM 学习的好机会。下午两点半，他们和这对王姓夫妇在公司楼下的咖啡馆里碰了面，在一番问好及闲聊后，王先生拿出了新居的户型图，开始切入正题。

在这次沟通中，TIM 了解到王先生家里常住五口人，除了他夫妻二人外，还有一个刚出生的婴儿以及两位照顾孩子的老人。王先生最大的希望是家里的空间能够利用得当，特别是储物空间要大，其次才是美观上的需求。根据这一信息，BRAIN 给出了相应的建议，比如：将入户玄关和厨房入口的位置做成鞋柜；卧室衣柜到顶；以及在婴儿活动室的墙上做柜子等，以满足储物的需求。对于这些建议，坐在一旁的王太太频频点头。TIM 发现，在初次交谈时，一些准确而有效的建议，会博得客户对设计师的信任。

他们第一次沟通非常成功，王先生签订了装修合同，并预付了设计定金。

在着手进行设计之前，我们一般得有一个基本的设计概念。设计概念的形成是一个难以直接捕捉的过程，有些同学抱怨自己在设计时没有灵感，其实没有灵感往往是因为设计前期的准备做得不够充分。

在接到一个设计项目后，精明的设计师都会做大量的前期准备（图 2-1）：如了解客户的需求；对房屋进行现场勘测；参考前人的优秀作品，从中汲取创作灵感等。当这些必要的信息、数据、和素材都收集充分，设计的灵感自然便会不邀而至，设计概念也将因此慢慢成形。

图 2-1　前期准备

2.1.1 解析客户需求

事实上，大多数业主在进行家装设计咨询之前，就已经私底下设计过自己的房子千百次了。不过这种设计只停留在他们的脑海里，并且支离破碎，表述不清。严格来说，这些都只能算是他们对家的美好梦想罢了。

作为设计师，我们要做的就是帮助他们把这些模糊的梦想从断断续续的思维里抽丝剥茧出来，并完整地将其变为现实。

家是人们的栖息之所，不同性格、职业、年龄、经历的人，对于家会有着完全不同的憧憬。一个好的家装设计应该既符合主人的功能和审美需要，又满足主人的内心向往。设计并非是凭空的，着手设计之前要做的第一件事就是深入了解你的客户，弄清他真正想要的是什么。

根据以上这些特点，我们将家装设计总结成这样一个有效的公式：

House + Family + Design = Home

House：收集相关的建筑图样和资料，现场实地考察、拍照、测量未知尺寸，绘制房屋结构图并详细标注。

Family：与客户充分交流，在详细的询问中了解客户的家庭结构、生活习惯以及客户对功能的具体要求。

Design：在与客户融洽的交淡中，完成对客户的性格分析、个人爱好咨询，并在此基础上形成初步的设计概念，确定设计风格，并在接下来的草图构思中进一步深化。

从这个公式我们可以看出来，居住空间设计是一个逻辑的思维过程，而不是设计师自说自画的凭空想象。不同的房子、不同的家庭、不同的梦想憧憬组合在一起，就会形成完全不同的家居设计。所以当我们接到一个设计委托时，我们要做的第一件事就是去认真了解并分析以上这几个基本的要素，将设计顺理成章地推导出来。

1. 第一个要素——房子

这是个什么样的房子？是独栋还是集合式公寓？如果是独栋，那么是否可以考虑把室内与户外进行统一的设计？这个房子是古老的建筑还是现代建筑？如果是一个传统的四合院，室内设计走中式风格是否会跟建筑看起来更加协调呢？

建筑环境是怎样的呢？四周有些什么景观，近邻情况是怎么样的？私密性好么？足够安静么？

天然采光、通风怎么样？需不需要加设人工照明，安装新风系统？湿度、室温适合人居住么？需不需要通过加设防潮层、保暖层、地暖系统来解决问题？

住宅空间本身的条件怎么样？室内外各区域之间空间关系合理么？空间面积如何？门窗、梁柱、天花高度变化是怎样的？需不需要进行吊顶处理？

最后，我们甚至还要分析一下这个房子室内外的材料与结构，看看哪些墙是可以打的，哪些墙是不能改的，以便我们在后面进行空间组合改造，做到心中有数。

2. 第二个要素——家庭

（1）家庭结构形态。家庭形态包括：人数构成、成员间关系、年龄、性别等。另外按照发展阶段的不同，我们把家庭分为新生期、发展期、老年期。家庭的发展成长阶段的不同，对住宅环境的需求也截然不同。比如对于新生期家庭来说，业主大多是事业处于上升阶段的青年人，他们工作繁忙、没有小孩，所以设计时可以更加注重时尚性和灵活性；而对于发展期的家庭来说，小孩的生活学习空间成了设计的重点，家居环境的设计更加注重实用和耐用。

（2）家庭性格。它也是我们要重点分析的因素——家庭特殊性格是精神品质的综合表现，包括家庭成员的爱好、职业特点、文化水平、个性特征、生活习惯、地域、民族、宗教信仰等。比如同样是客厅，左边这个时尚、优雅，右边这个充满民族和宗教情绪，只要稍稍揣测，我们就能大致想象房子的主人是个什么样子，有怎样的背景和喜好。所谓青菜萝卜各有所爱，作为设计师我们要懂得投其所好。同样，也只有当我们的室内设计的形式与家庭性格相符时，生活在这里的人才会感觉自在。

（3）家庭活动。它包括以下三方面内容：群体活动、私人活动、家务活动。

与客观存在的房子不同，家庭因素很多都是隐性的，业主往往不会直接告诉你，或者不便于告诉你。这个时候，我们就要懂得旁敲侧击、察言观色，尝试在不经意的对话中捕捉到你所需要的有效信息，充实分析资料。一般来讲，我们从业主那里获取的信息量越大，越有利于我们进行设计分析。

分析完了房子和家庭两个因素后，我们就基本找到设计方向了，接下来就是整合协调各种关系，提出设计理念，画出方案草图。

设计师语录

“我要从你们的头脑中盗窃你潜在的意识，为你编织出一个故事、幻想，就因为我使用的是你们已经认得的东西，所以你们的反应会更强烈！”

——马塞尔·万德斯（Marcel Wanders）

在沟通中设计师一定要引导客户，因为客户并非专业人士，他们对即将完成的家的定位是散乱而无序的，并且容易受到某些特定环境和身边人群的影响，而使自己的想法摇摆不定。这时候，设计师千万不能急于求成，而应该与客户耐心地交流，循序渐进，不要嘲笑客户的“想入非非”与非专业，而是要从与客户的交流中，把客户的只言片语、思维碎片集合起来，抽象概括出最能解决问题的部分，使他们满意。

为了得到更为准确的信息，有的设计会自备一张客户情况调查表（详见附录中附表1）来帮助顾客理清思路。当装修没有竣工之前，人们对于暂时还是虚构的家总是充满了复杂、多疑、忐忑与飘忽不定的情绪，而设计师的设计应该具有说服力。应该有底气、有信心地将客户未来家的蓝图，准确地展现给客户，让他们带着美好的憧憬邀你共同完成他们的家。

2.1.2 现场勘测

【情景描述】

王先生的新居位于重庆江北区某知名小区内，楼层高，房屋采光好，户型方正、紧凑。缺点是剪力墙较多，儿童房开间小，没有储藏间。TIM拿着电子尺和图纸，一边丈量一边做着详细记录，BRAIN则在一旁耐心地倾听客户的诉求，并根据实地情况给出相应的改造建议（展示原始户型图，量房时应该注意的部分，分析户型图。）。

量房就是对房屋内部进行实地测量，对房屋内各个房间的长、宽、高以及门、窗、空调、暖气的位置进行逐一测量，量房会对装修的报价产生直接影响。同时，量房过程也是客户与设计师进行现场沟通的过程，它虽然花费时间不多，但看似简单、机械的工作却影响和决定着接下来的每个装修环节。

1. 量房工具

（1）卷尺/手持激光测距仪（图 2-2）。

（2）图纸。

（3）笔（最好两种颜色，用以标注特别之处）。

（4）数码相机。

图 2-2 手持激光测距仪

2. 量房步骤

（1）把户型草图画好（体现出房间与房间之间的前后左右连接方式）或带上开发商提供的户型图。

（2）巡视一遍所有的房间，了解基本的房型结构。

（3）从进户门开始，对各个房间逐一进行测量，并把测量的每一个数据记录到平面草图中相应的位置上。

3. 具体测量方法

（1）用卷尺/测距仪量出各房间每面墙的长度与高度。长度要紧贴地面测量，高度要紧贴墙体拐角处测量。

（2）把通向另一个房间的具体尺寸再测量后记录。

（3）观察四面墙体上有没有门、窗、开关、插座、管子，如果有，在纸上简单示意。

（4）测量门的长、宽、高，再测量这个门与所属墙体的左、右间隔尺寸，测量门与天花的间隔尺寸。

（5）测量窗的长、宽、高，再测量这个窗与所属墙体的左、右间隔尺寸，测量窗与天花的间隔尺寸，测量窗与地面的间隔尺寸。

（6）了解下水的位置和坐便器的坑位。厨房、卫生间的情况要拍摄记录下来。

每位业主的房屋内外环境都是不同的，不同的地理环境与空间状态，决定了不一样的设计。设计师在现场时必须仔细观察房屋的位置和朝向，以及周围的环境状态，噪声是否过大、空气质量如何、采光是否良好等。因为这些状况直接影响到后期的设计，若房子临近街道，过于吵闹，设计师可以建议业主安装中空玻璃，这样隔音效果比较好；如果房屋原来采光不好，则需要用设计来弥补。

设计师在量房的过程中应同时了解客户的基本需求，并提出一些基本的解决方法给客户参考。其实量房这项工作不仅仅是在测量房屋本身的尺寸，更是揣测客户心理的尺寸，详细的客户情报会让我们在后面的设计过程中目标更明确，更加有针对性，从而减少方案修改的次数。

2.1.3 绘制原始结构图

在量房完成后，我们就可以用 CAD 绘制详细准确的原始结构图了。王宅的原始结构图如图 2-3 所示。

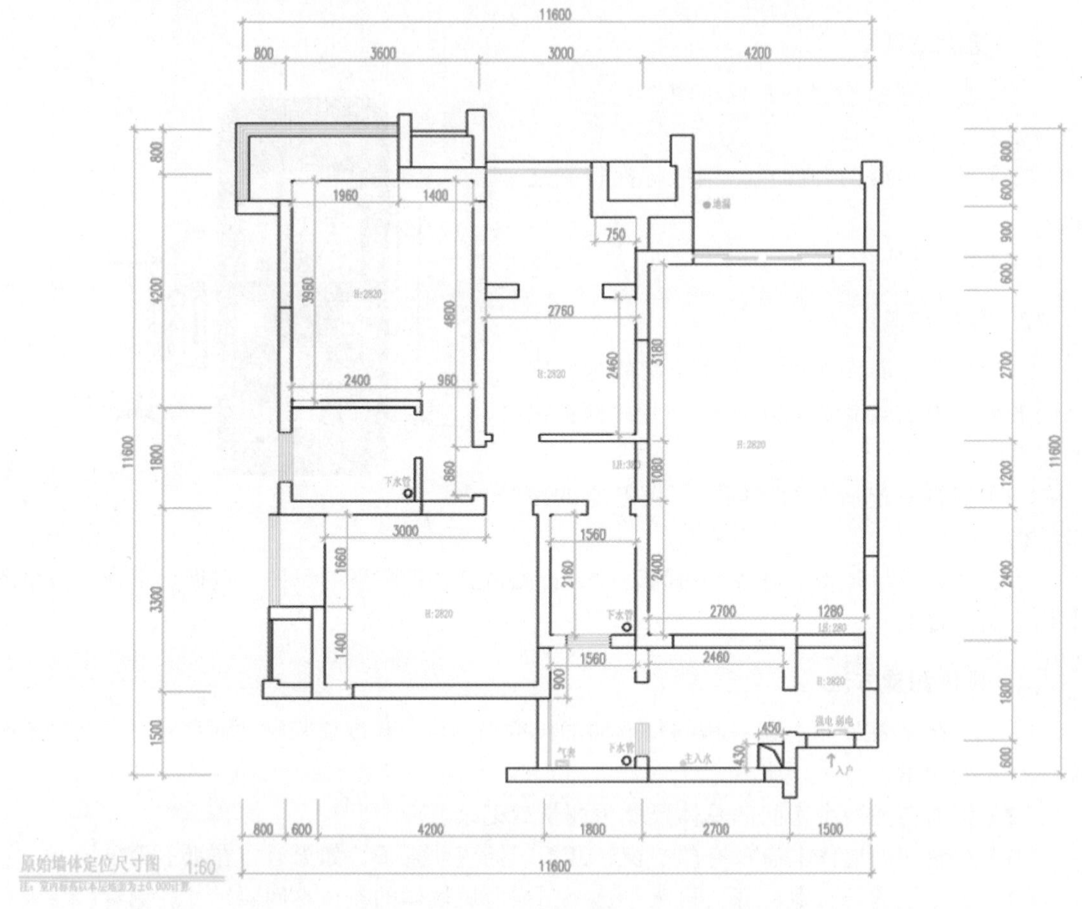

图 2-3 原始结构平面图（1：60）

原始结构图的绘制要点：

（1）绘图时入户口尽量在图纸的下方或右侧。

（2）图纸画完后，开始标注详细尺寸、功能名称、平方面积。

（3）绘制原始平面图时，应将已知的构造柱、剪力墙填充。

（4）标注的内容主要有：配电箱、弱电箱、煤气表、煤气管、水阀、检查井、冷水管、热水管、落水管、下水管、地漏、存水弯、门洞、窗洞、窗台、梁、墙体、管道井及检查门的开启方向、地面标高、顶面标高、原室内完成状况、图标、字母符号、文字要求等。

（5）标注时的注意事项：

① 配电箱：应标明宽和高及离地面、离墙的距离（以下口和侧口为准）。

② 弱电箱：应标明宽和高及离地面、离墙的距离（以下口和侧口为准），并确定里面的配置（电话、电视、网络、智能、门禁系统等）。

③ 煤气表、煤气管：离地面的距离（以下口为准）和具体尺寸点位。

④ 水阀、检查井：应标明水阀的进水和出水管径，检查井的具体位置、宽和高的尺寸、离地面的距离（以下口为准）、材质和开启方向。

⑤ 冷水管、热水管：应标明冷、热水管点位和离地面的距离。

⑥ 落水管、下水管、地漏：应标明管径、具体位置，落水管要标明中间部位的检查口的离地距离，是墙排水还是地排水。

⑦ 存水弯：应标明管径大小、最低点离地面的高度。

⑧ 门洞：应标明具体位置，也应标明门洞的高度和宽度。（如原有门应用虚线表示，显示开启方向。）

⑨ 窗洞、窗台：应标明具体位置，也应标明窗洞的高度和宽度，如下面有地台的，也应标明地台高度，窗高应按地台上口至顶部下口，特别注明窗台宽度。

⑩ 梁、墙体：梁用虚线表示，墙体用双线表示，已知的承重墙或剪力墙以填充表示，有阳台的地方应标注有无护栏、地台等。详细标明墙体厚度、梁的底口高度和梁的宽度。

⑪ 原室内完成状况：应详细标明原结构情况；是否抹灰、刮灰、贴砖、找平、防水等。

⑫ 图标：在相应的图纸中应放置相应的图标，图标以公司确定为准。

⑬ 文字要求：图纸的字体应统一，标注点位用黑点表示。

⑭ 窗户要画出每扇窗户的宽度，应标明有无纱窗。

2.2　设计方案的形成

【情景描述】

回公司后，BRAIN 把王宅的设计交给 TIM 去处理。TIM 喜出望外，很快便把王宅的原始平面图准确无误地绘制了出来，并同时设计出了王宅的平面布置方案。TIM 的方案在原户型上变化不大，只是重新规划了家具的位置。对于这个乏善可陈的方案设计，BRAIN 皱了皱眉，他指出 TIM 没有运用好之前收集的设计资料，也没有联系实际生活来将这些资料加以分析发酵。

在充分解析了房屋和家庭因素影响下的状况后，我们就可以就此提出解决方案，制定相应的设计理念。

什么是设计理念呢？设计理念就是设计师在作品构思过程中所确立的主导思想。没有它，我们就很可能在后续的设计中自乱阵脚，越走越远。设计理念赋予作品文化内涵和风格特点，是设计的精髓所在。

总的来说，现在的住房在户型设计和功能区分方面都相对合理，如果仅仅从完善功能出发，甚至会出现只能在平面图上摆放家具的情况，带给人缺乏设计能力的不良印象。陷入这种困境通常是基于两个原因：

（1）缺乏生活经验，不知道生活中会出现什么状况，以及无法通过设计的手法解决；

（2）设计施工阅历不足，无法大胆地对现有空间结构进行改造。

想要克服以上两点不足，必须开阔眼界、增长见识、积累生活经验，把主人的日常生活引入设计推导中去；总结在已有的生活经历中，室内设施的不便或不妥之处；前瞻性地考虑未来几年家庭结构、电器设备将可能发生的变化等。这些以人为本的考虑都有利于明确我们设计的整体定位，清晰我们的设计思路。

设计师语录

我虽然勤劳和节俭，但是我懂得享受生活！

——高文安

【情景描述】

在 BRAIN 的启发下，TIM 重新做了王宅的功能需求分析。同时将分析过程中所迸发的灵感用手绘的方式快速记录推敲出来。

在进行居住空间室内设计时，首先应对空间的平面功能进行理性分析，同时定出整体的风格基调。这里以情境描述中的王宅为例，讲述一个室内设计方案是如何形成的。

2.2.1 平面功能分析

1. 平面功能布局

本方案原始结构方正、紧凑，剪力墙较多，不太适合做过多的空间改造与形状处理。加之，王家居住人口较多，功能要求也较多，于是在平面中采取较保守的布局，以实现功能的最大化。王宅原始平面图如图 2-4 所示，设计后的方案如图 2-5 所示。

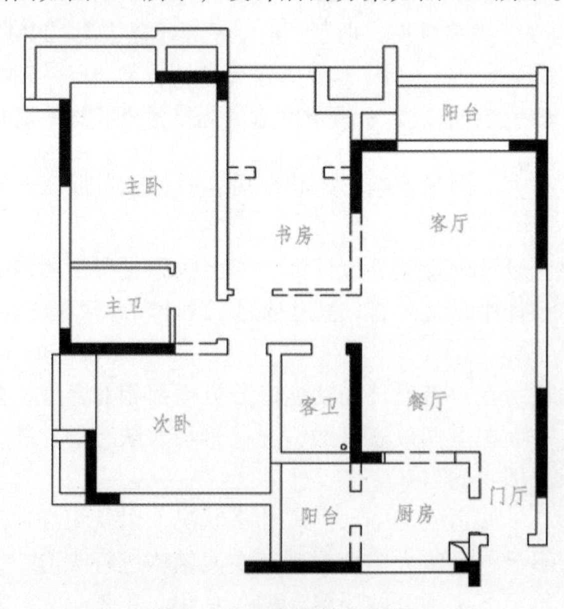

图 2-4 王宅原始平面图

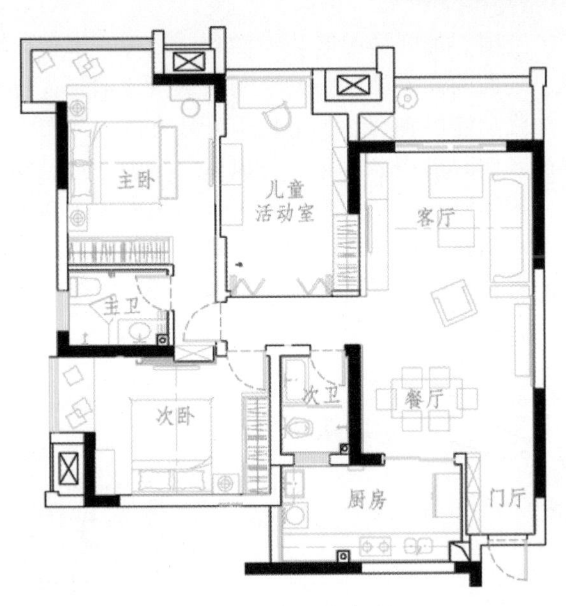

图 2-5　设计后的方案图

2. 设计构思分解

（1）玄关。本案入口左面进行墙体改造，并设计了一面壁橱，此壁橱主要功能是在主人回家后，将外穿衣物或穿过而不脏的衣物放置此处收纳于此，离开家时，也可以将睡衣、家居服收纳于此。这种玄关壁橱的处理，既美化了生活空间，又提高了生活品质。如图 2-6 所示。

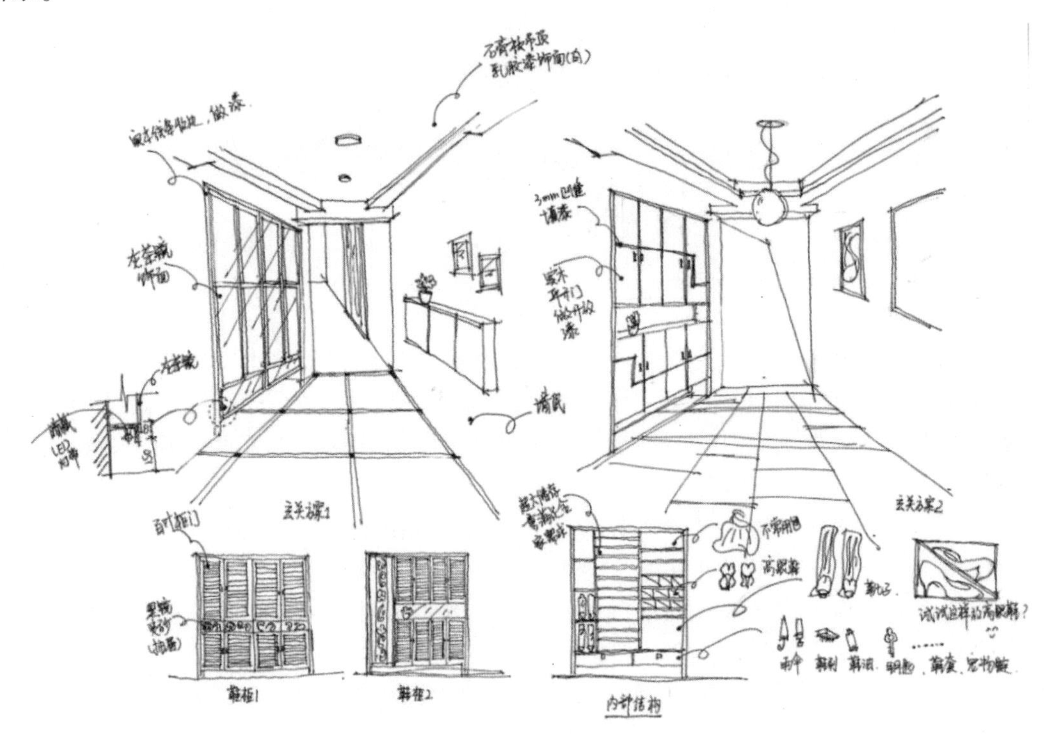

图 2-5　玄关方案草图线稿

（2）书房。为了扩大空间，加强房屋的整体性和通透感，书房的墙壁被拆除掉，同时打掉小阳台的墙体与门框。地面的高差处理，使空间层次变化加强，带来视觉中心点的效果。考虑到合理利用空间，加强功能的复合性，书房采光最好的一侧布置了电脑桌，以满足主人偶尔办公的需要；靠客厅一侧，借用了客厅部分墙体，一则节约了空间，二则又满足扩大储存空间的需要。陈列柜采用抽屉与格子的形式，大量的抽屉用于储藏儿童玩具，格子部分既可以展示装饰品，亦可储存书籍。中间腾出的区域足够儿童期的小宝宝游乐玩耍。而另一侧的照片墙，则是整个家庭精神生活的真实展现。如图 2-7 所示。

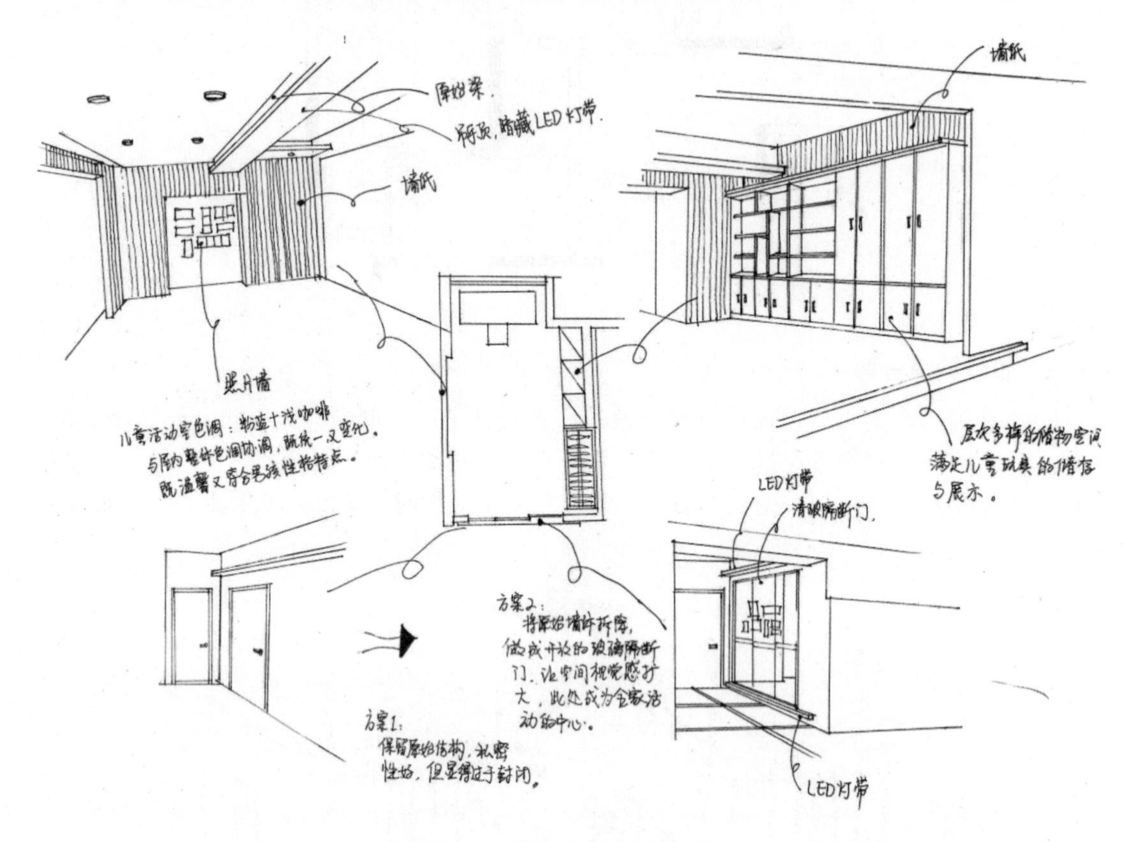

图 2-7　书房方案草图线稿

（3）次卧。本案次卧，除了考虑到父母居住外，还考虑到放置小宝宝的婴儿床（在哺乳期婴儿平均每隔两小时就要进食一次，婴儿床通常设置在看护人近旁）。次卧里除设置了衣柜、床头柜等储存类家具外，还设置了五斗柜，以方便储存婴儿的衣物、奶粉、温奶器等物品。

（4）卫生间。该户型的次卫空间紧凑，考虑到次卫使用的频率较大，应客户要求，此卫生间使用了蹲便器。由于婴儿洗澡也会在次卫进行，考虑到婴儿澡盆比较占空间，所以暂不采用淋浴隔断作干湿分区。等小孩长大一点，再安装淋浴隔断改造。次卫蹲便器使用了隐形水箱，既美观又节约了空间。盥洗台的长度设置为 1 000 mm，这样可以提高使用率。

（5）厨房。将厨房门开在餐厅一侧，安装玻璃滑推门隔音隔烟，既方便使用，又增大采光率，使厨房与餐厅的连接自然过渡，密切联系。打掉生活阳台和厨房之间的门洞，为使厨房扩容，并用无框窗对生活阳台进行封闭，采光变得更好，同时增设客户要求中提到的洗衣区域。

2.2.2　平面功能分析

客厅的设计重点在于整个设计的风格定位，之前谈到对风格的定位时，王先生和王太太都比较模棱两可，似乎现代风格也可以，田园风格也行。在经过了一番思考，TIM 决定向王太太重点推荐现代风格。这样主要是考虑到王家的家庭构成——三代同堂，且有未成年的孩子。这种家庭构成一般应把实用、简洁、安全放在首位；加之之前在与两夫妇的交往中，发现他们都是极其爽朗的人，做事情毫不拖泥带水，这也暗合了现代风格简洁明快的调子。

根据设计理念和分析阶段所得的资料，我们可以提出各种可行性的设计构想，并把它们用草图的形式表现出来。最后通过对比选出最优方案，或综合数种构想的优点，重新拟定新的方案。如图 2-8 所示。

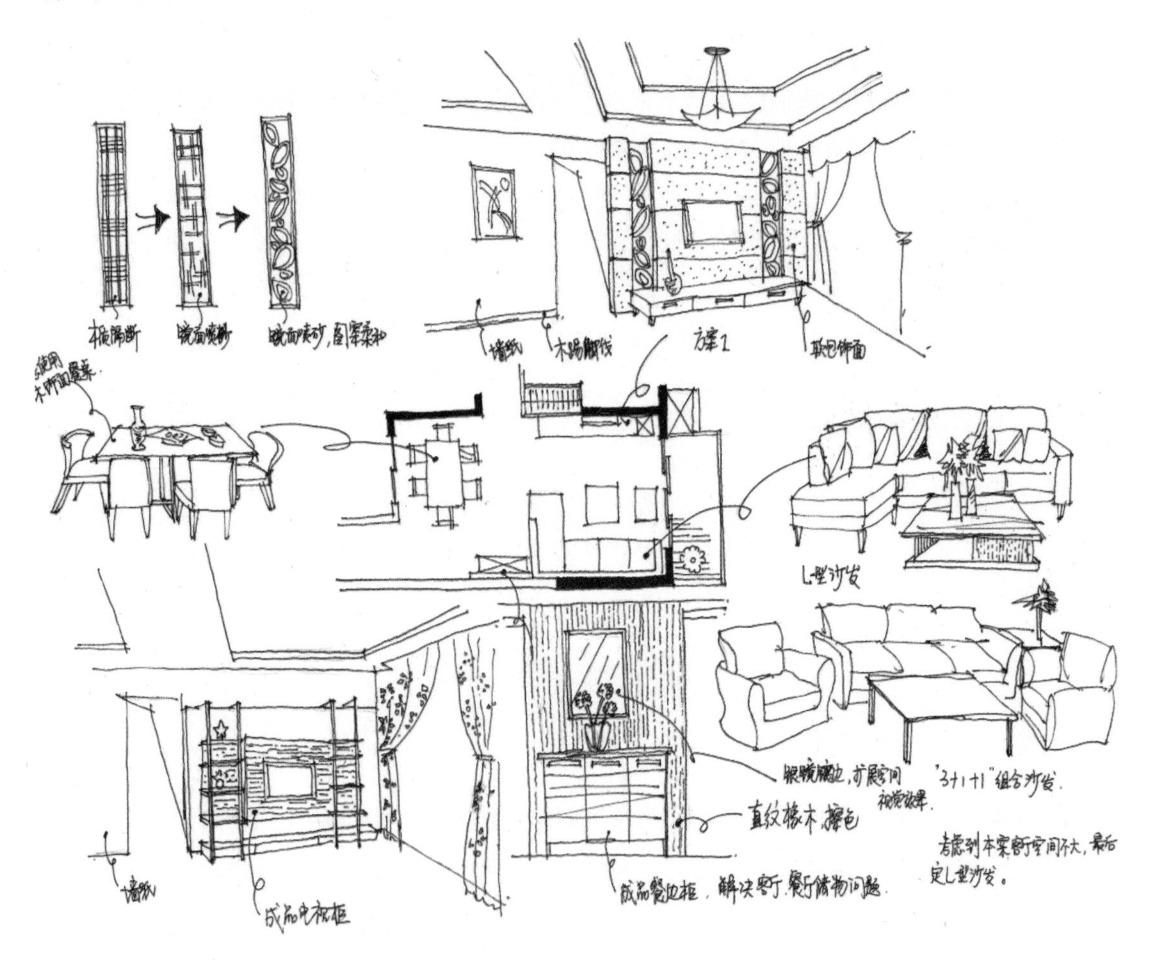

图 2-8　客厅方案草图线稿

【情景描述】

对于 TIM 的第二次设计，BRAIN 表示基本满意。他叫 TIM 收集了相关项目实景资料，以便下次沟通时可以增强客户的直观感受。按照约定，他们和王先生在上次的约见地点碰面了，BRAIN 让 TIM 试着将平面布置图的布置要点一一讲解给王先生听。他本人则一边喝茶，一边不时适时得当地帮 TIM 补充着方案的设计亮点，分析为什么要这样做，这样做的好处优点是什么。

在 BRAIN 的引导提点下，TIM 和客户的交流变得越来越融洽。同时 TIM 还发现，在观看参考图片的过程中，如果是客户喜欢的，他们会明确表现出来，而遇到不太喜欢或没有感觉的时候，客户往往会沉默不语。第二次沟通后，王先生对于方案布局相当满意，TIM 也从中获得了更多信息，比如：王先生喜欢自然色调，爱好简洁、大气又有品质的感觉。这些信息对于以后方案深化帮助很大。

初步的方案一般只有平面和立面两部分，详图未包含在内。平面空间设计以功能为先；立面形式设计以视觉表现为主。

初步的方案完成后，我们应及时与客户进行沟通，在详述理念和特点同时，倾听他们对该设计方案的看法，记录下他们觉得还不满意的地方，思考解决的办法。

在方案交流过程中，设计师很容易就可以从客户反映出来的态度中，判断客户对方案的认同度。面对客户发自内心的原始喜好，设计师只要加以提炼和优化，就可以让设计得到改进，从而获得理想的效果。

2.3 设计方案的深化

在初步方案得到客户的认可以后，设计师就要开始进行方案深化，深化内容主要是完善设计的细节、色彩、材质的选定。同时完善施工图纸，包括平面图、天棚图、地面铺装图、立面图、水电图、装饰详图等。

2.3.1 常用家具的尺寸规格（表 2-1）

在绘制室内设计方案图时，对于某些特定的家具或配置对象会使用图块或以固定的表示法来快速置入或建立，以加速作业流程，而这些图块的画法有很多，每个设计师的习惯做法不同，这点只要能让业主看得懂图基本上没有太大问题，但是对于设计时相关对象的尺寸就必须注意了，许多对象在实物上有其常用的尺寸，这些至少设计师要清楚，然后再根据业主本身的需求和特殊状况来做调整。

表 2-1 常用家具家电尺寸一览表

类别	尺寸图	说明
椅子	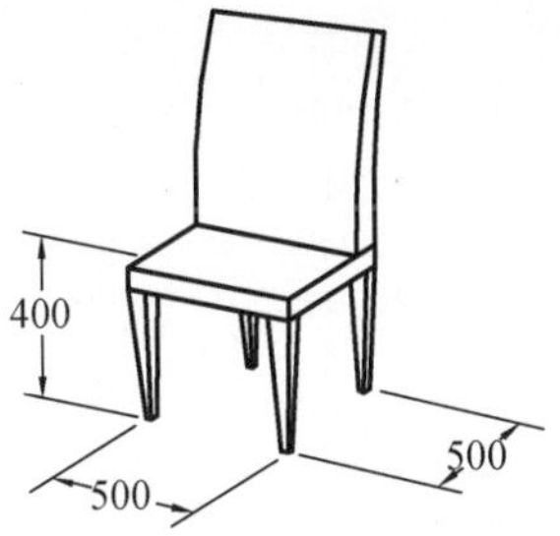 400 500 500	① 工作椅的坐面高度一般在 450 mm 左右，餐椅的坐高则稍矮一些 ② 椅子的坐面深度一般在 400 mm 左右，其中扶手椅往往比靠背椅更深 ③ 靠背椅坐宽一般 420 mm 左右，扶手椅坐宽一般 480 mm 左右
沙发	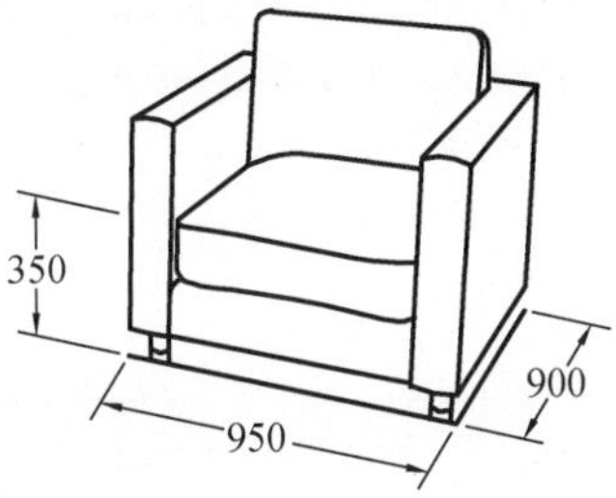 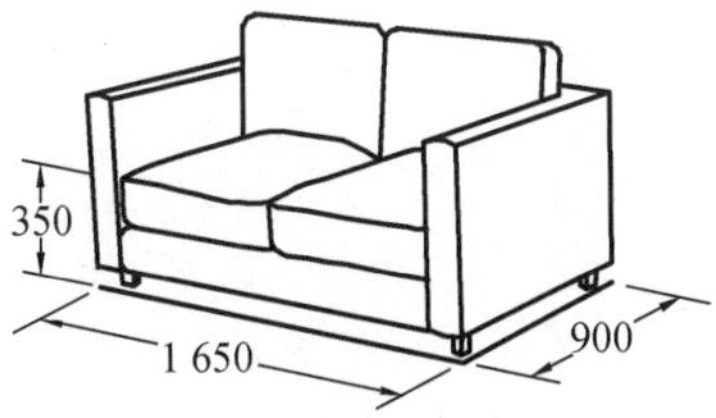 350 950 900 350 1 650 900	① 沙发因其软质的特点，坐面高度常以人坐在其上时坐面下沉状态形成的高度来计算，一般在 330 ~ 400 mm ② 沙发坐深一般在 550 mm 左右 ③ 沙发根据款式的不同，坐宽则差异较大，如单人座沙发坐宽一般在 480 ~ 700 mm，三人座沙发坐宽一般在 1 440 ~ 2 100 mm（均不含扶手）
床	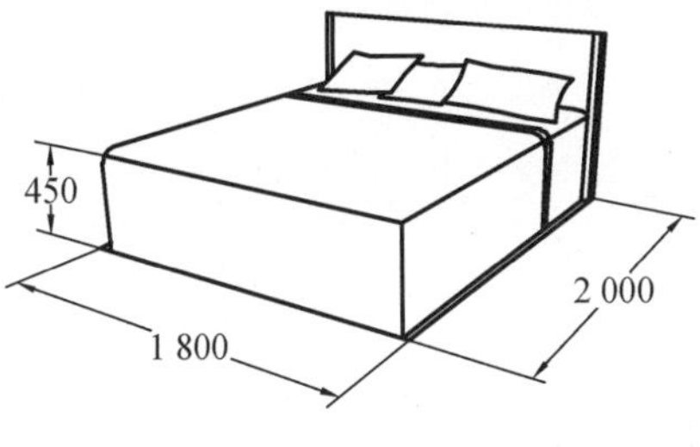 450 1 800 2 000	① 床高一般在 450 mm 左右 ② 单人床理想尺寸为 1 200 mm×2 000 mm；双人床理想尺寸为 1 800（1 500）mm×2 000 mm
桌子	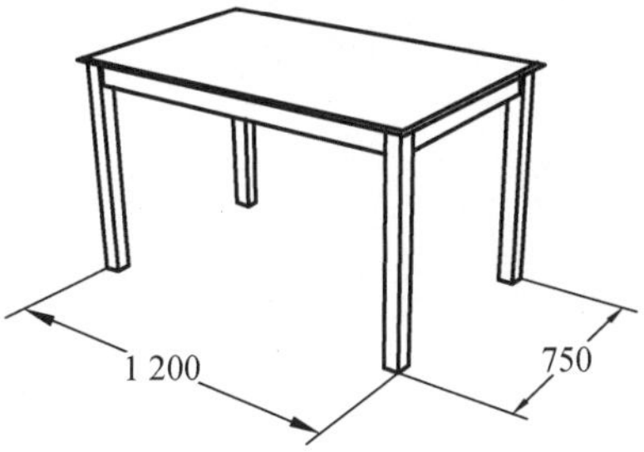 1 200 750	① 桌面高度常有 720 mm、740 mm、760 mm 等规格。工作桌一般较高，餐桌相对要矮一点 ② 双柜写字台宽为 1 200 ~ 1 400mm，深为 600 ~ 900 mm；单柜写字台宽为 900 ~ 1 200 mm，深 500 ~ 750 mm

续表

类　别	尺寸图	说　明
茶　几	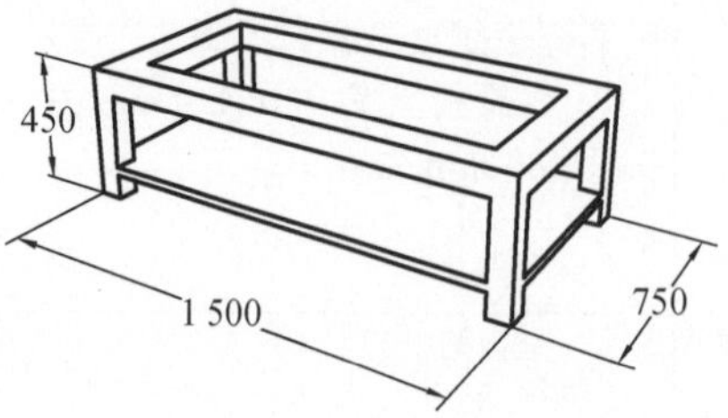 450 1 500 750	① 长方形茶几： 小型：长度 600～750 mm，宽度 450～600 mm，高度 330～500 mm 中型：长度 750～1 200 mm，宽度 600～750 mm，高度 330～500 mm 大型长方形茶几最大可达 2 000 mm × 1 000 mm 左右，高度常比中小型茶几更高，常用于大型室内空间 ② 正方形茶几： 最小 500 mm × 500 mm，最大 1 200 mm × 1 200 mm，高度 330～500 mm ③ 圆形茶几： 直径接近正方形茶几的边长，高度 330～500 mm
衣　柜	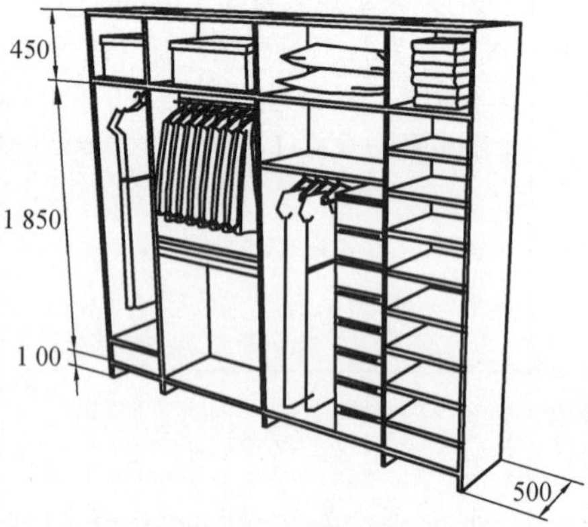 450 1 850 1 00 500	① 无门式衣柜，深度一般在 500～550 mm；有门式衣柜，深度一般在 550～660 mm ② 衣柜高度通常根据卧室情况而定，但一般不超过 2 400 mm
橱　柜	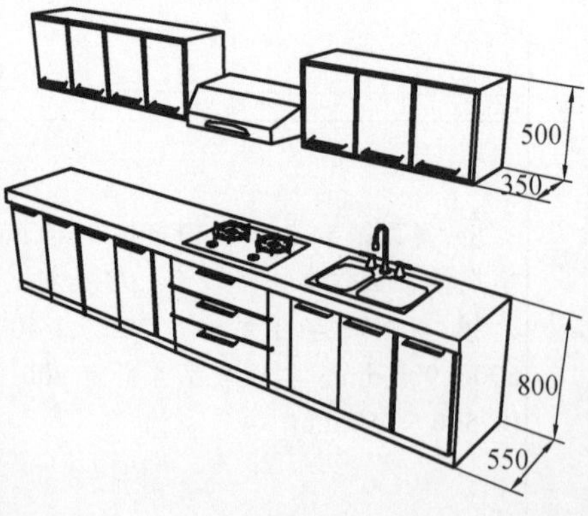 500 350 800 550	① 橱柜主要分底柜与吊柜，其中底柜深度一般在 550～650 mm，吊柜深度一般在 300～400 mm ② 底柜台面一般高 800～900 mm，高度主要根据该家庭主厨人士的身高来确定。吊柜下沿距离台面 650～750 mm

续表

类　别	尺寸图	说　明
冰　箱	900　750	冰箱根据生产厂商的不同，尺寸规格并无统一。单开门冰箱的参考尺寸为 600 mm（宽）×600 mm（深）×1 800 mm（高），双开门冰箱的参考尺寸为 900 mm（宽）×710 mm（深）×1 800 mm（高）
马　桶	335　500	马桶根据生产厂商的不同，尺寸大同小异。参考尺寸为 500 mm（宽）×750 mm（深）×420 mm（高），水箱尺寸另计
浴　缸	1 600　700	① 长方形浴缸： 参考尺寸为 1 700 mm（长）×800 mm（宽），高度常在 500～800 mm ② 圆形浴缸： 圆形浴缸一般较大，直径以 1 500～1 800 mm 居多，圆形浴缸耗水量比较大，占用面积也很大，常用在别墅 ③ 椭圆形浴缸： 椭圆形浴缸大部分尺寸和方形浴缸差不多。另有一种小型的椭圆形木质浴缸（浴桶），长度小于 1 400 mm，高度较高

注：尺寸图中尺寸单位均为 mm。

2.3.2　图纸的文字标注

我们在画室内设计平面图时，必须针对各种空间标示文字。文字的基本原则就是在各种尺寸的图纸下都要清晰易读，所以我们在输入文字的时候，有些原则就要注意了：

（1）字高：图纸越大，字高应该要适当增加。

（2）标题字和内文说明文字要有大小的分别。

（3）如果需要使用英文名称，尽量使用全大写输入。

（4）表 2-2 列出室内设计图常用的空间名称中英文对照表提供参考。

表 2-2 室内设计图常用空间名称中英文对照

空间名称（中文）	空间名称（英文）
玄　关	LOBBY
客　厅	LIVING
起居室	LIVING ROOM
餐　厅	DINING ROOM
厨　房	KITCHEN
吧　台	BAR
书　房	STUDY ROOM
主卧室	MASTER BEDROOM
更衣室	WALK-IN CLOSET
卧　室	BEDROOM
客　房	GUEST ROOM
小孩房	KID'S ROOM
浴　厕	BATHROOM
淋浴间	SHOWER
主浴厕	MASTER BATHROOM
公共浴厕	PUBLIC BATHROOM
佣人房	MAID ROOM
储藏室	STORGAGE
走　道	WALKWAY
阳　台	BALCONY
楼　梯	STAIRCASE

【情景描述】

在 BRAIN 的悉心指点下，TIM 认真地将全套方案绘制了出来，虽然出图速度不及专业设计师，但这套方案的推敲过程还是让 TIM 长进不少。TIM 发现，自己越来越容易把握设计的秘诀——将自己带入到这个虚拟的空间方案，去模拟生活的场景，体验使用的结果：使用功能是否人性化，空间造型是否优美，物理环境是否舒适，配色是否和谐。

为了让王先生更直观地看到整个方案的效果，TIM 还特意用 SKETCHUP 制作了王宅的设计模型。王先生对于自己未来的家能够“提前预览”表示赞赏，同时在色彩与细节搭配上提出了一些新的意见。将这些方面重新调整之后，整个方案就基本敲定了。

2.3.3 效果图的表现

在有实际需求的情况下，设计师还应出具相应的模型效果图，以加强构思表现。目前室内设计最常用到的表现软件是 SKETCHUP。这个软件的优势是快速建模，所见即所得。它能帮初学者快速建立空间感，进而推敲设计效果；也便于设计师与业主和施工方交流设计意图，预览设计效果。此外，通过 SKETCHUP 建模，结合 VRAY、PHOTOSHOP 等后期效果图制作软件，甚至还可以做出优秀的照片级效果图。

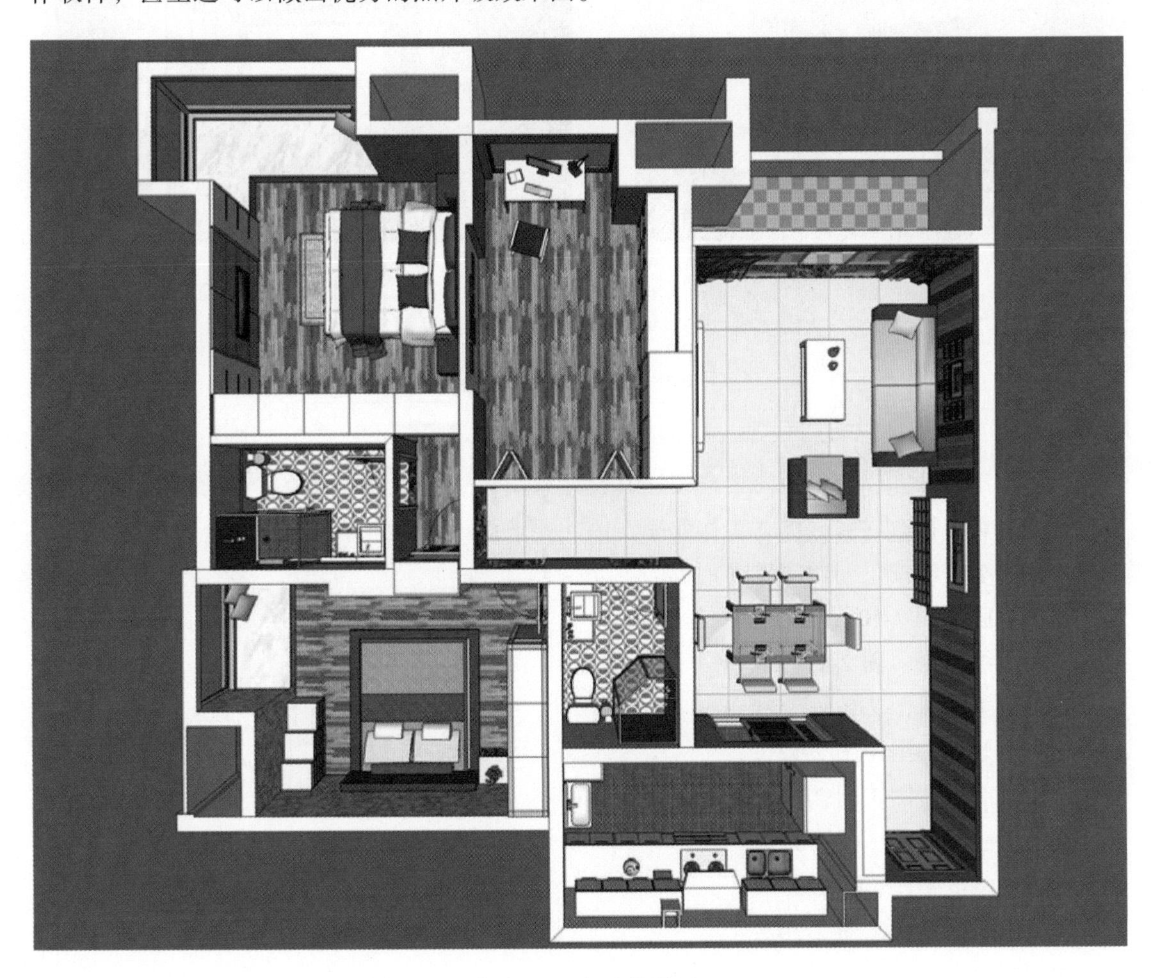

（a）平面布置效果图

（b）客厅效果图

（c）主卧效果图

（d）儿童活动房效果图

图 2-9　王宅的 SKETCHUP 效果图表现

2.3.4　图纸的排列顺序

为了使设计师能够较好地向客户表达其设计意图，又使施工者有较完整的施工依据，减少施工中变更、拆改项目，提高工作效率，因此要求设计师必须保证图纸齐全，排列有序。

施工图纸一般按下列顺序排列：

（1）封面（图 2-10）；

（2）图纸目录（图 2-11）；

（3）效果图（图 2-9）；

（4）原始结构图（图 2-12）；

（5）平面布置图（图 2-14）；

（6）天棚平面图（图 2-15）；

（7）水路电路图（图 2-19）；

（8）地面铺装图（图 2-20）；

（9）立面图（图 2-21 ~ 2-28）；

（10）装饰详图（节点大样）（图 2-29 ~ 2-32）；

（11）封底。

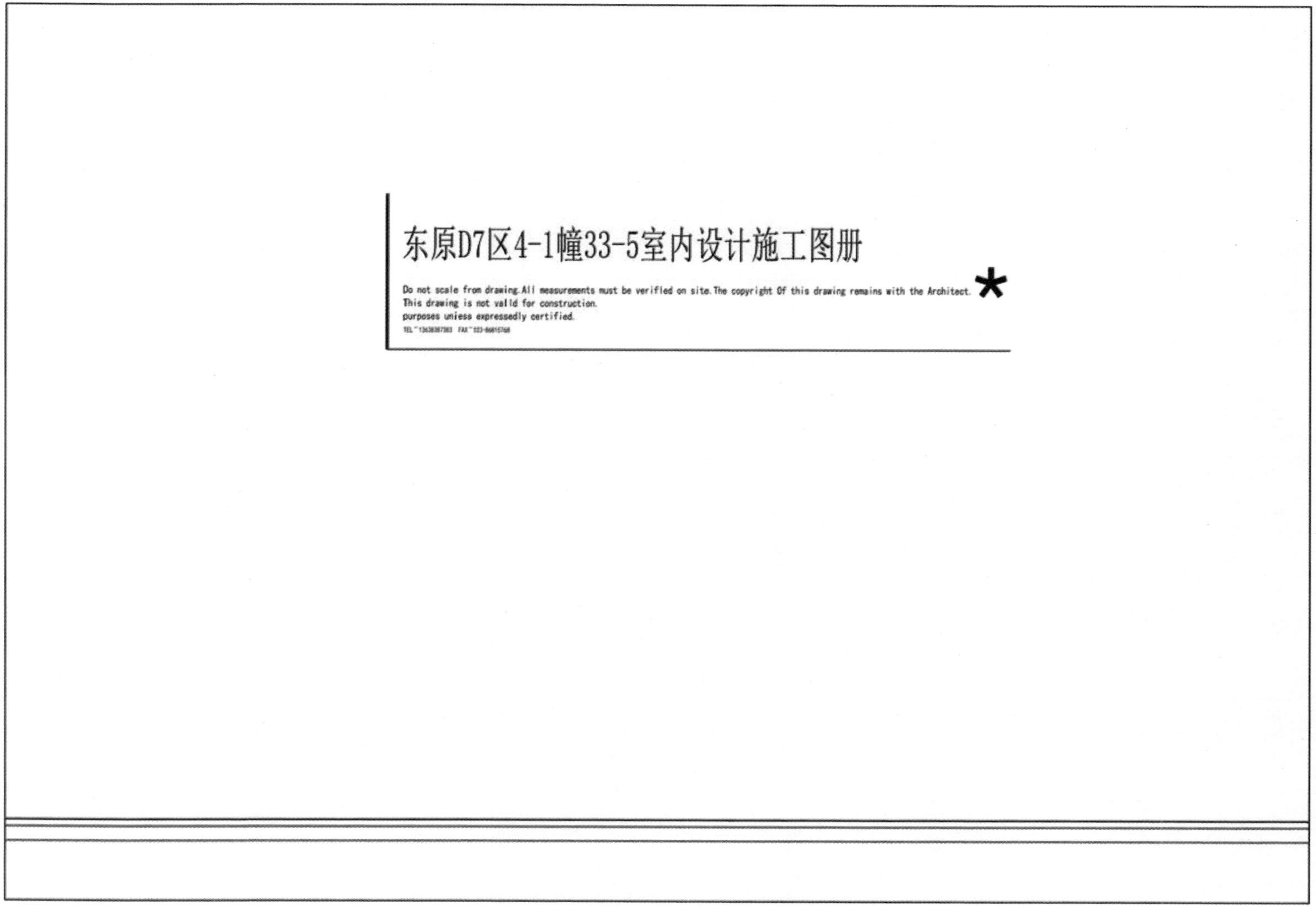

东原D7区4-1幢33-5室内设计施工图册 *

Do not scale from drawing.All measurements must be verified on site.The copyright Of this drawing remains with the Architect.
This drawing is not valid for construction.
purposes uniess expressedly certified.
TEL [illegible] FAX [illegible]

图 2-10　封面

图 纸 目 录

编号	图纸名称	图号	图幅	编号	图纸名称	图号	图幅
1	图纸封面		A3	13	客厅B立面图、客厅天棚B剖面图	IE-1	A3
2	图纸目录		A3	14	客厅D立面图、1-1，2-2剖面图	IE-2	A3
3	原始墙体尺寸定位图	AR	A3	15	客厅C立面图、玄关C立面图	IE-3	A3
4	新墙体平面定位图	AR1	A3	16	儿童活动室B立面图、儿童活动室天棚B剖面图	IE-4	A3
5	家具平面布置图	FF	A3	17	儿童活动室D立面图、儿童活动室A立面图	IE-5	A3
6	天棚平面布置图	RC1	A3	18	老人房A立面图、主卧C立面图	IE-6	A3
7	天棚尺寸定位图	RC2	A3	19	主卧D立面图	IE-7	A3
8	灯位尺寸定位图	RC3	A3	20	主卧B立面图	IE-8	A3
9	开关连线图	EM1	A3	21	柜体示意图	IE-9	A3
10	插座布置图	EM2	A3	22	主卧衣柜内部示意图	IE-10	A3
11	水路图	EM3	A3	23	老人房五斗柜示意图	IE-11	A3
12	地面材质铺装图	FC	A3	24	主卧天棚大样图	ID	A3

图 2-11 图纸目录

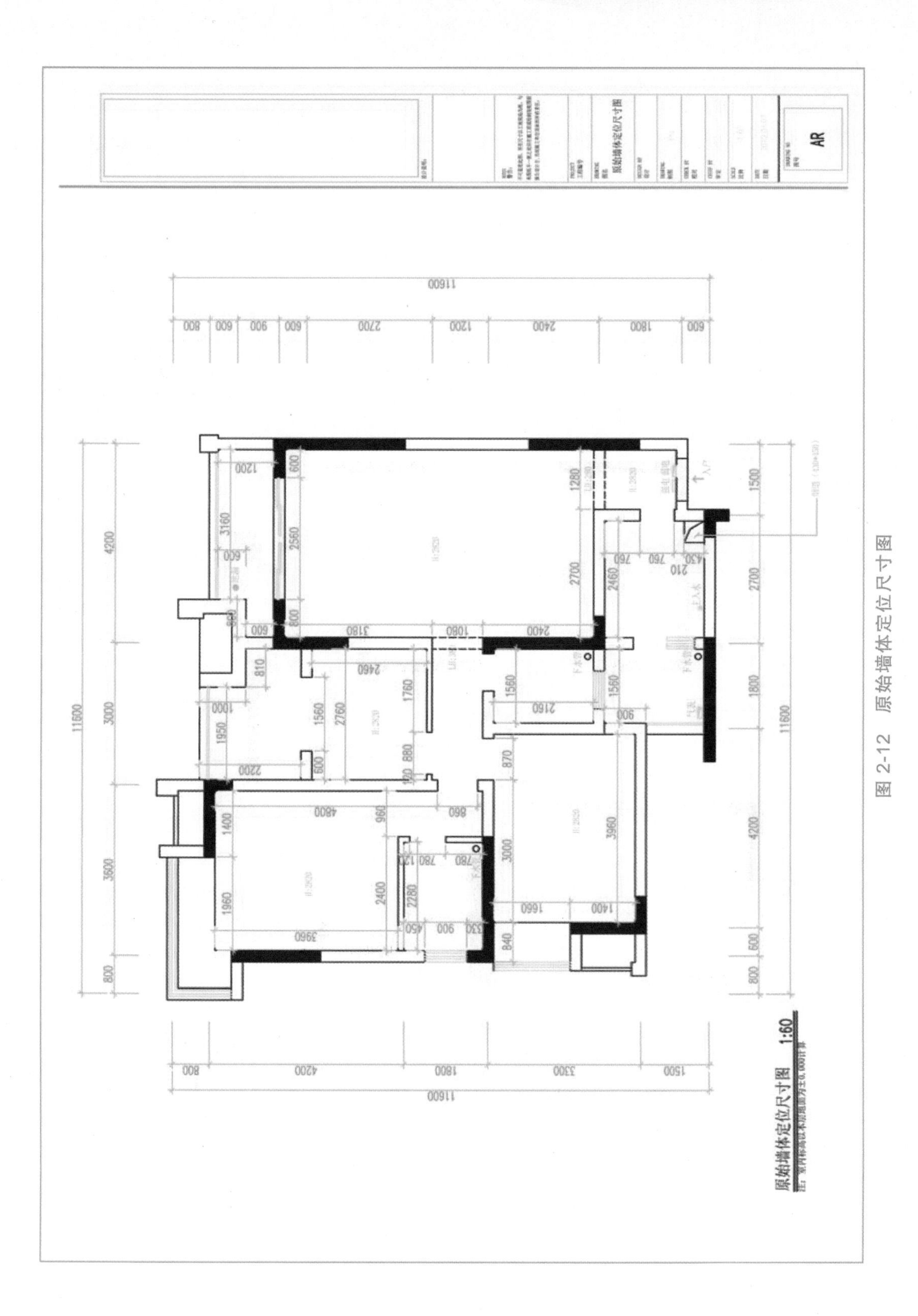

图 2-12　原始墙体定位尺寸图

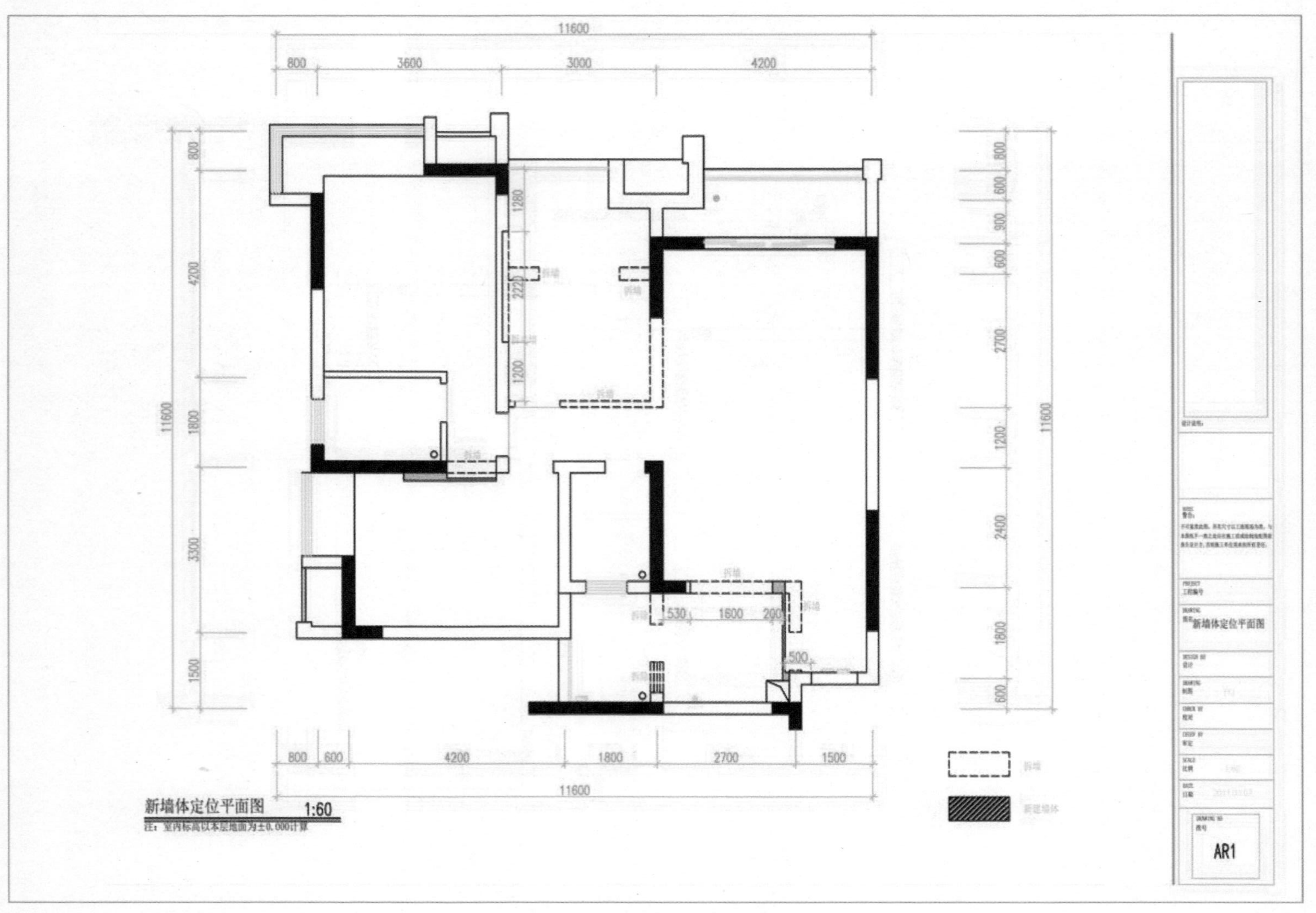

图 2-13 新墙体定位平面图

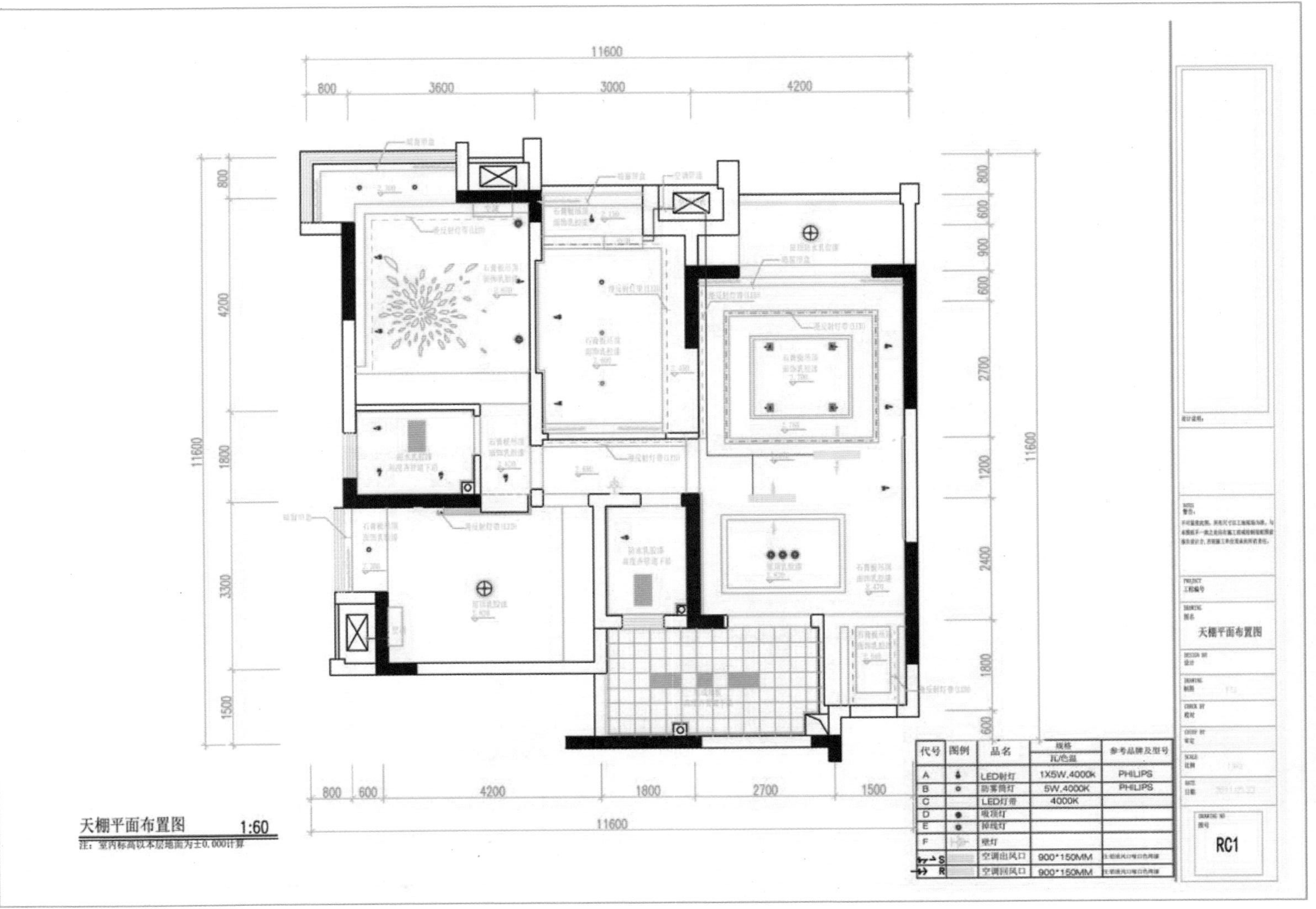

图 2-14　天棚平面布置图

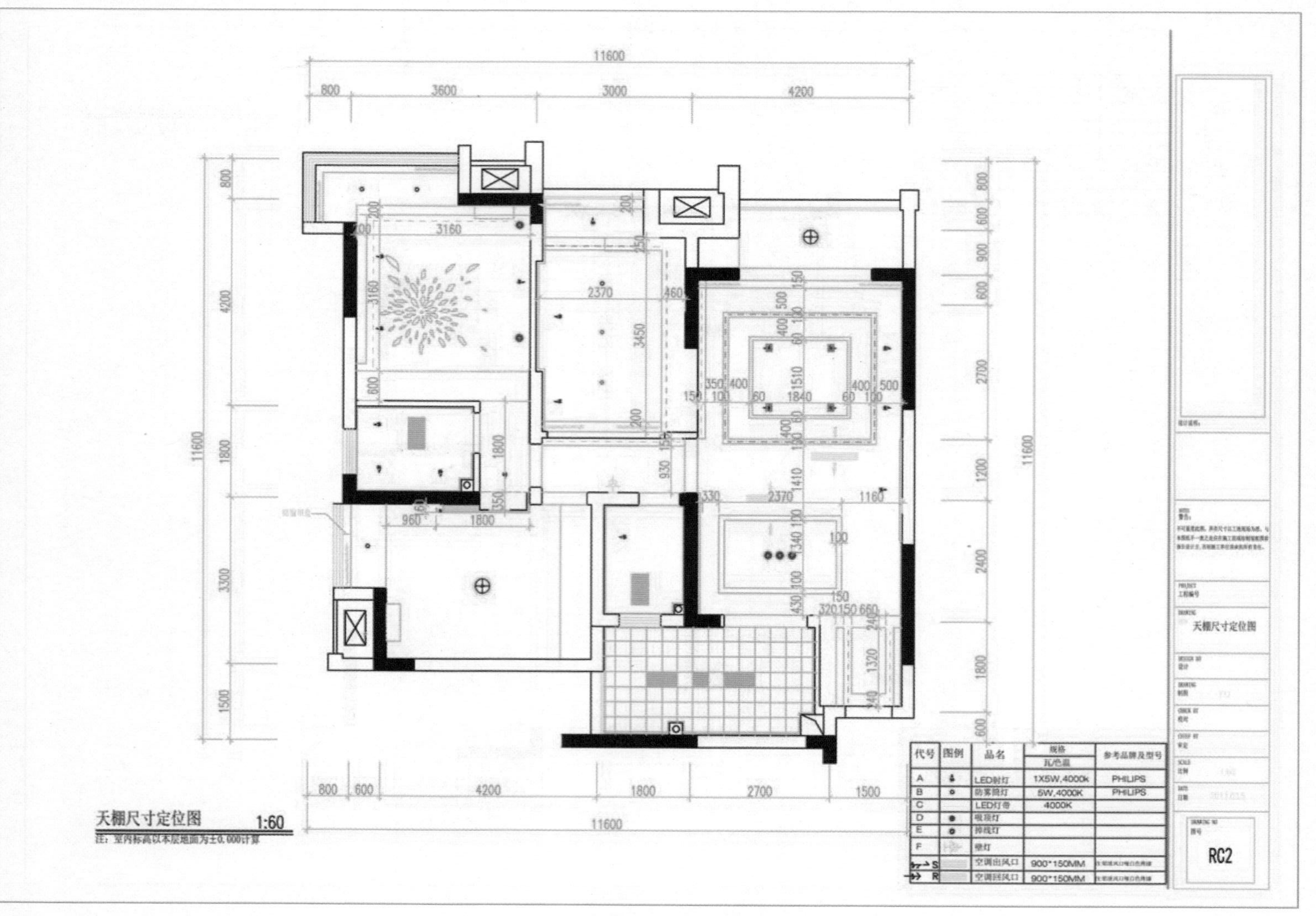

图 2-15　天棚尺寸定位图

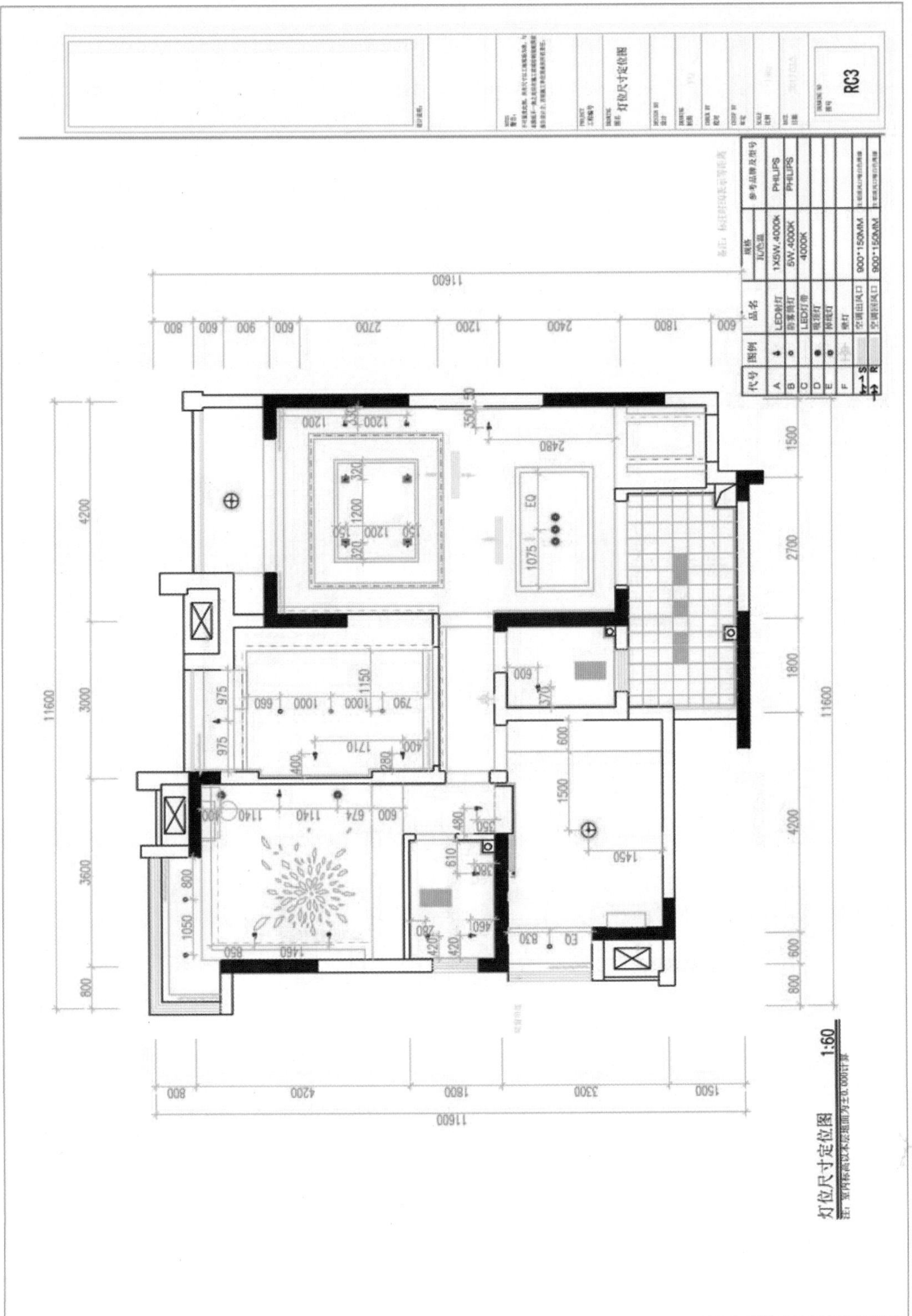

图 2-16　灯位尺寸定位图

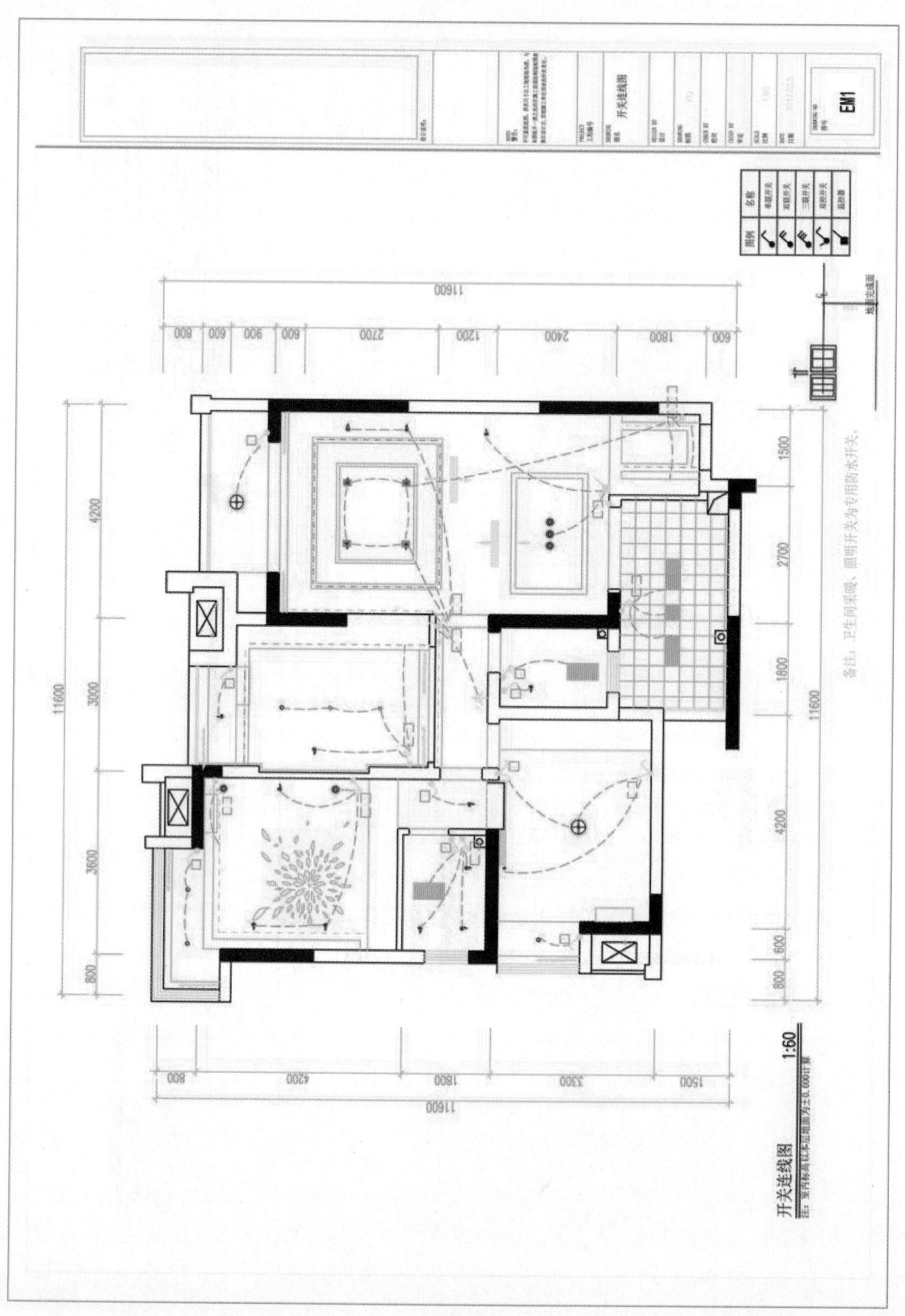

图 2-17　开关连线图

特别提示

普通开关的通常高度为 1 300 mm，开关一定要事先考虑好位置，如果被挡在家具或门的后面就无法派上用场。在放置开关时要充分考虑怎样用起来方便，在卧室和客厅适当布置双控开关。

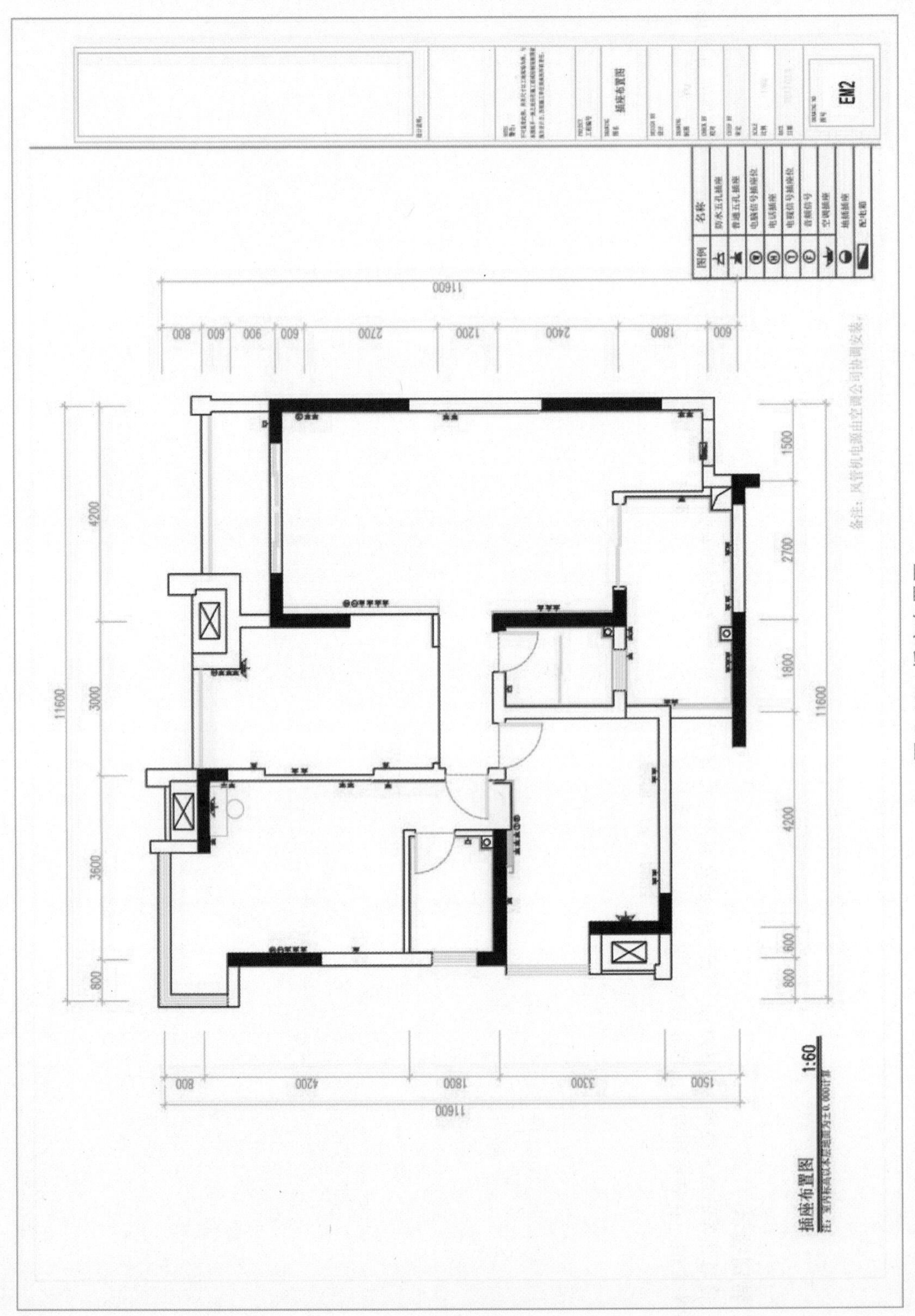

图 2-18　插座布置图

特别提示

由于插座的图标较小，为了方便参看，可在绘制时将平面家具摆设隐去或将平面家具摆设设置为灰色细线。另外，设计师在进行施工图交底时，应在施工现场用粉笔标注插座高度和位置。同一室内的电源、电话、电视等插座面板应当在同一水平标高上。常见插座高度如下：

（1）普通插座（如床头灯、清洁备用插座及备用预留插座）高度通常为 300 mm；

（2）台灯插座高度通常为 750 mm；

（3）电视、音响设备插座通常高度为 500 ~ 600 mm；

（4）冰箱、厨房预留插座通常高度为 1 400 mm；

（5）分体空调插座为 2 300 ~ 2 600 mm，通常安装在天花以下 200 mm 位置。

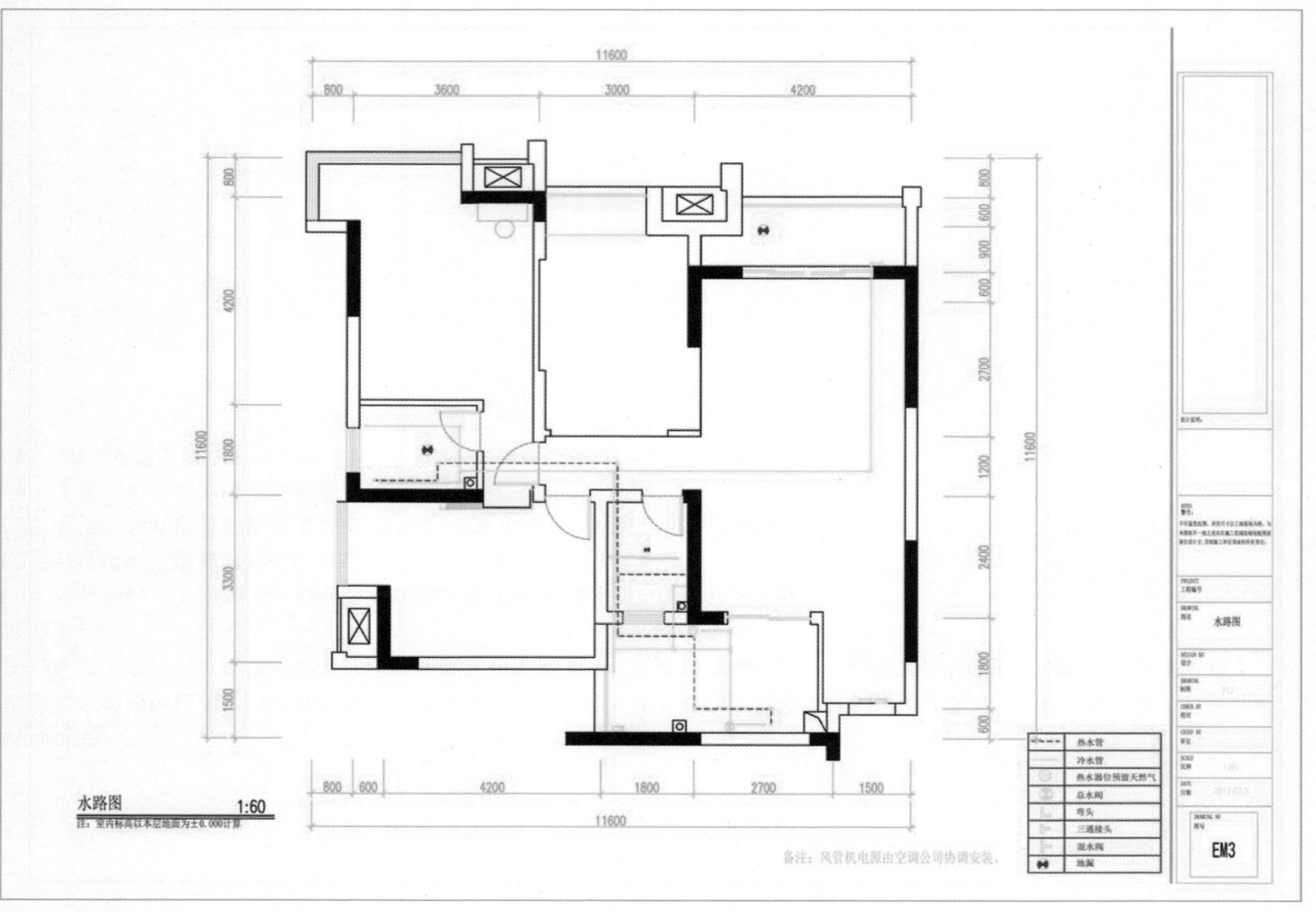
11600
800
3600
3000
4200
800
4200
1800
3300
1500
800
600
900
600
2700
1200
2400
1800
600
800
600
4200
1800
2700
1500
水路图
1:60
注：室内标高以本层地面为±0.000计算
备注：风管机电源由空调公司协调安装。
热水管
冷水管
热水器位预留天然气
总水阀
弯头
三通接头
混水阀
地漏
水路图
EM3

图 2-19 水路图

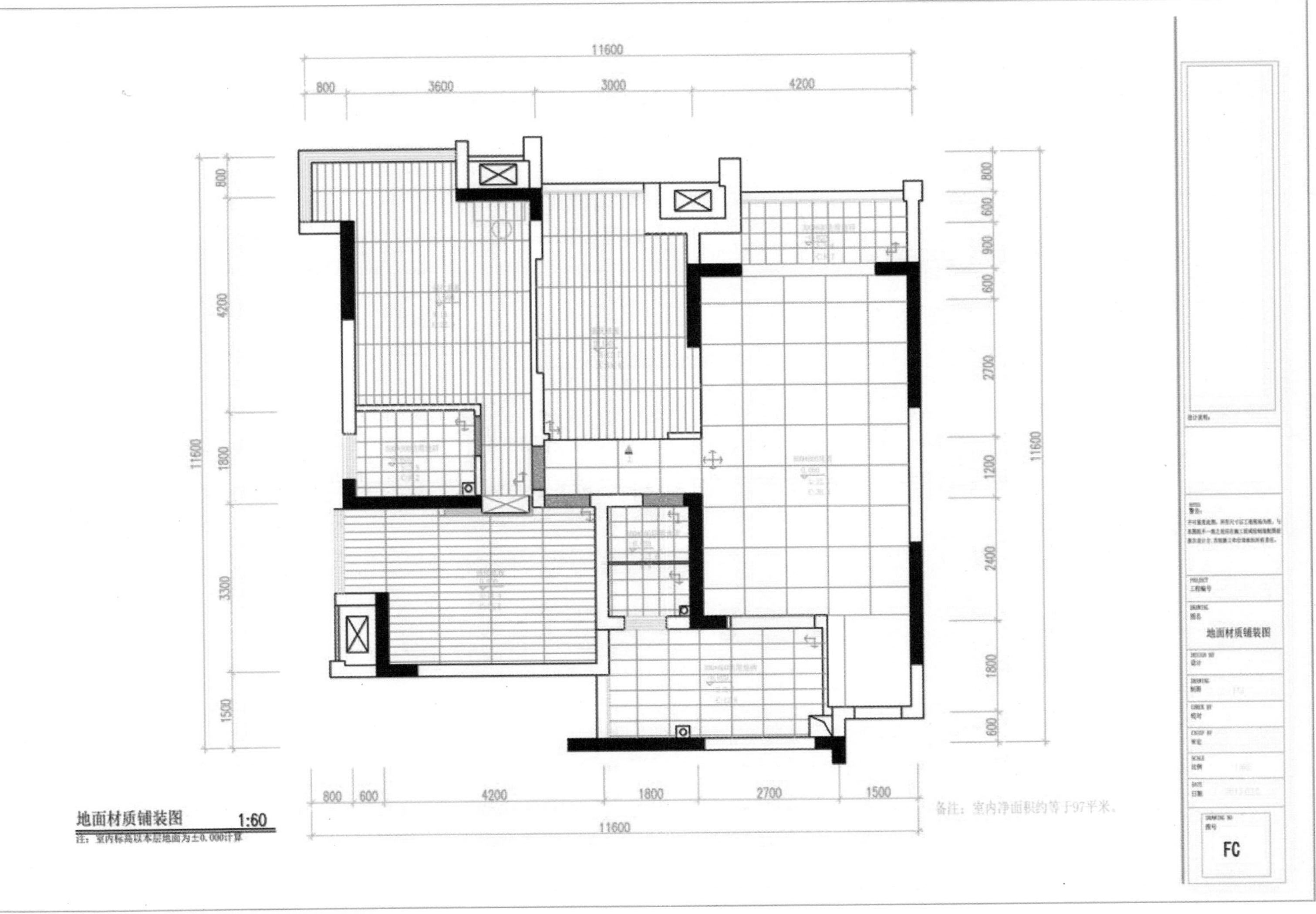

图 2-20　地面材质铺装图

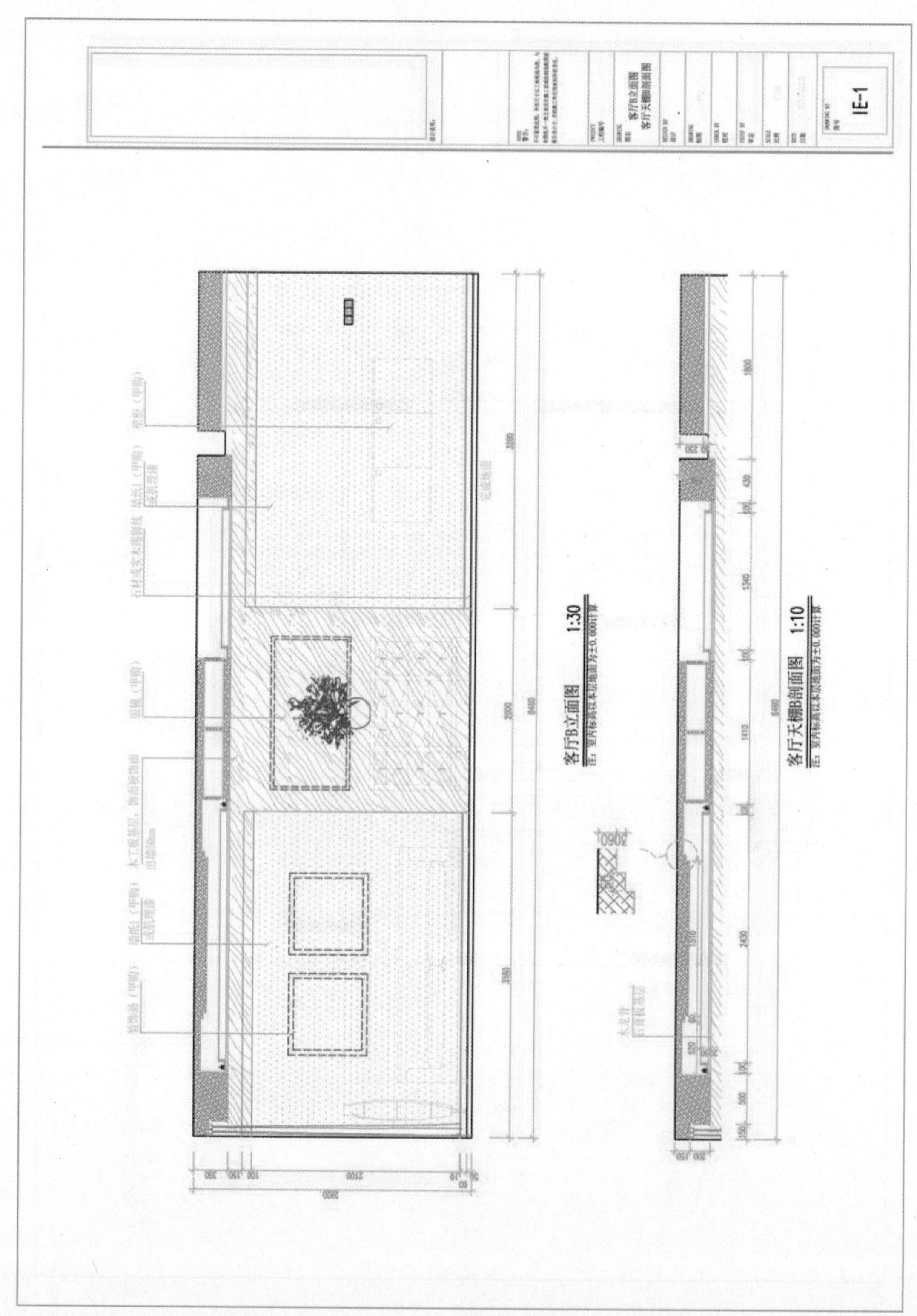

图 2-21 客厅 B 立面图、客厅天棚 B 剖面图

特别提示

立面图的画法要点如下：

（1）在图中用相对于本层地面的标高，标注地台、踏步等的位置尺寸；

（2）顶棚面的距地标高及其叠级（凸出或凹进）造型的相关尺寸；

（3）墙面造型的样式及饰面的处理；

（4）墙面与顶棚面相交处的收边做法；

（5）门窗的位置、形式及墙面、顶棚面上的灯具及其他设备；

（6）固定家具、壁灯、挂画等在墙面中的位置、立面形式和主要尺寸；

（7）墙面装饰的长度及范围，以及相应的定位轴线符号、剖切符号等。

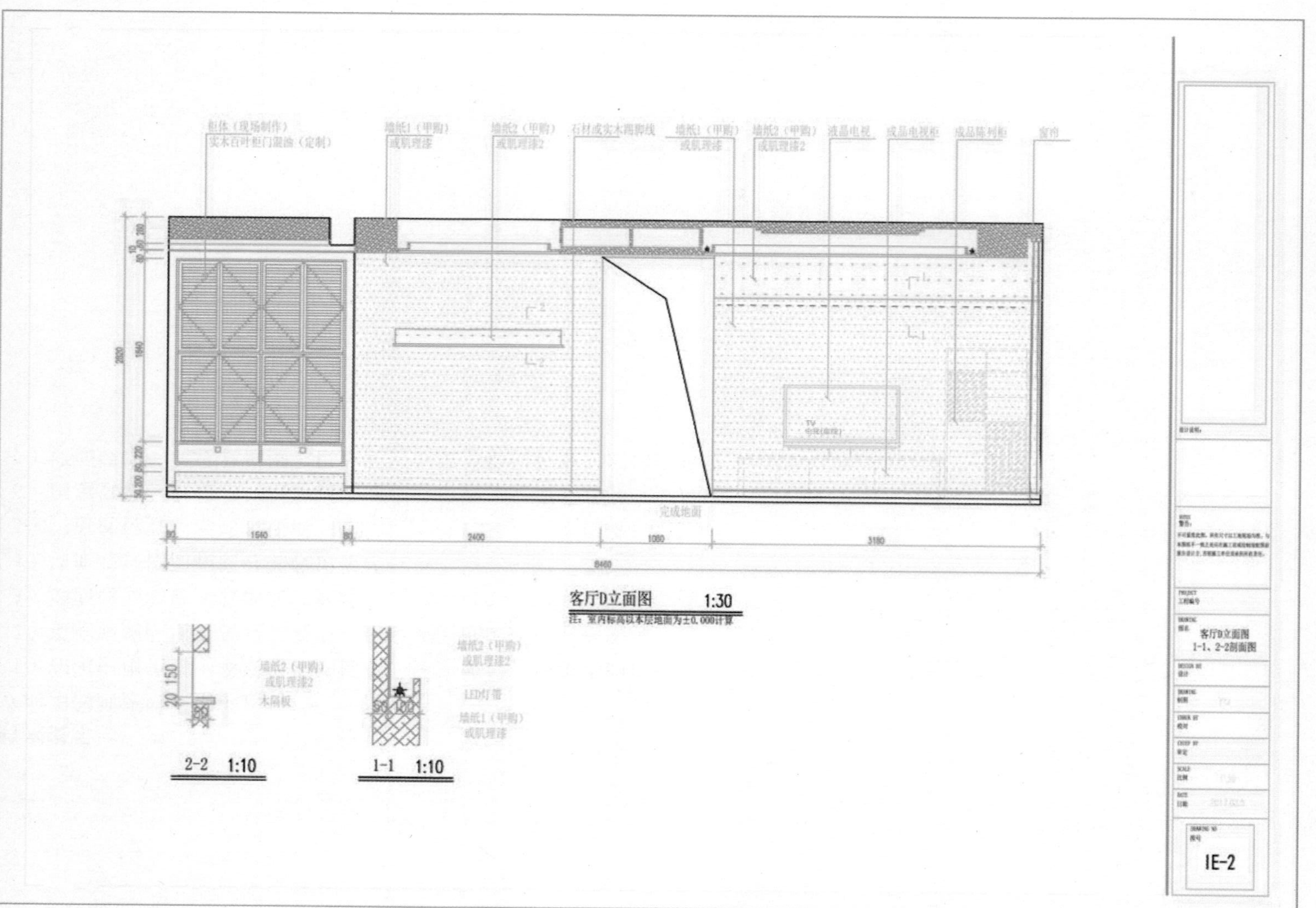
柜体（现场制作）
实木百叶柜门混油（定制）
墙纸1（甲购）
或肌理漆
墙纸2（甲购）
或肌理漆2
石材或实木踢脚线
墙纸1（甲购）
或肌理漆
墙纸2（甲购）
或肌理漆2
液晶电视
成品电视柜
成品陈列柜
窗帘
完成地面
1640
2400
1080
3180
8460
客厅D立面图 1:30
注：室内标高以本层地面为±0.000计算
墙纸2（甲购）
或肌理漆2
木隔板
2-2 1:10
墙纸2（甲购）
或肌理漆2
LED灯带
墙纸1（甲购）
或肌理漆
1-1 1:10
客厅D立面图
1-1、2-2剖面图
IE-2

图 2-22 客厅 D 立面图

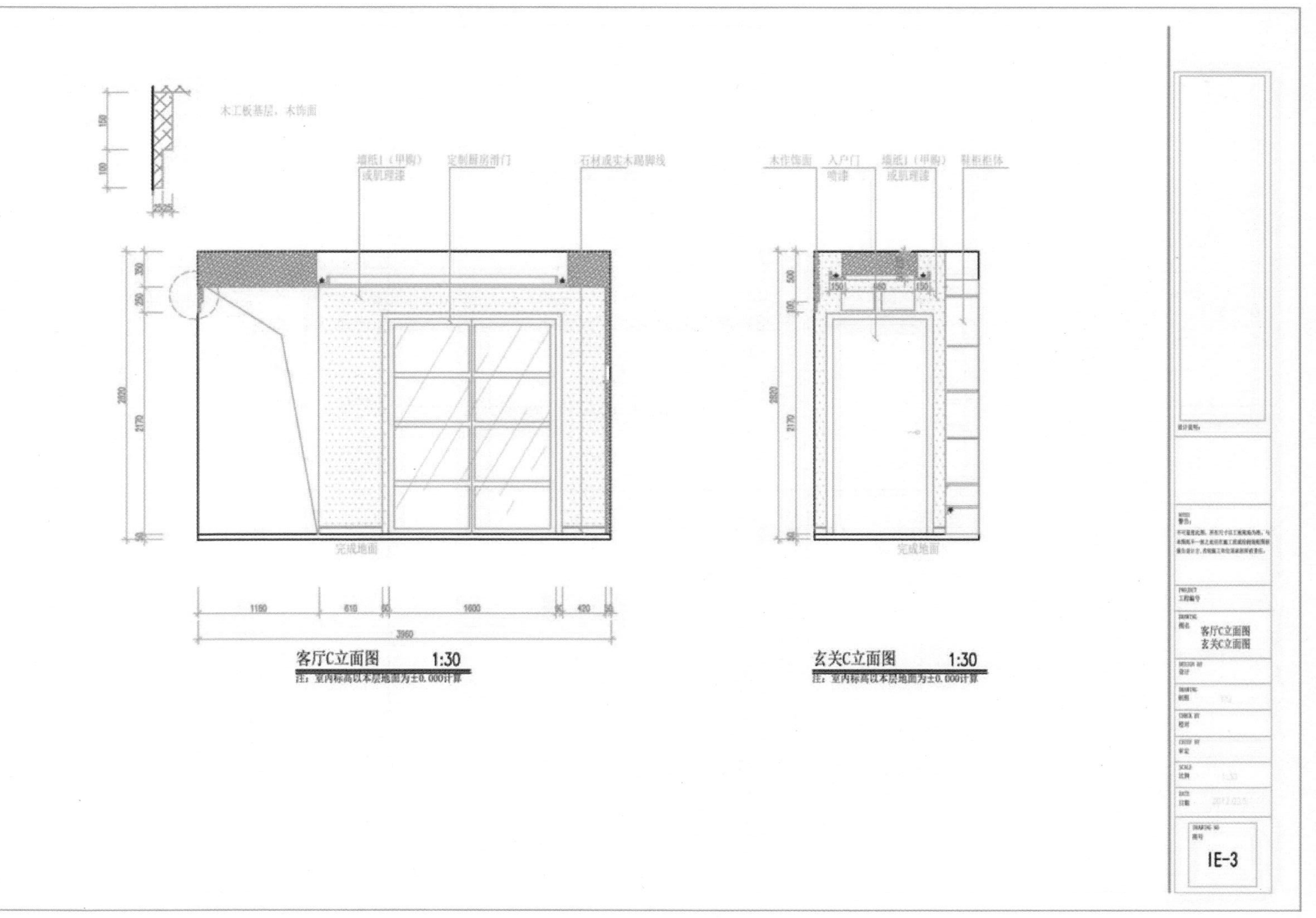

图 2-23　客厅 C 立面图、玄关 C 立面图

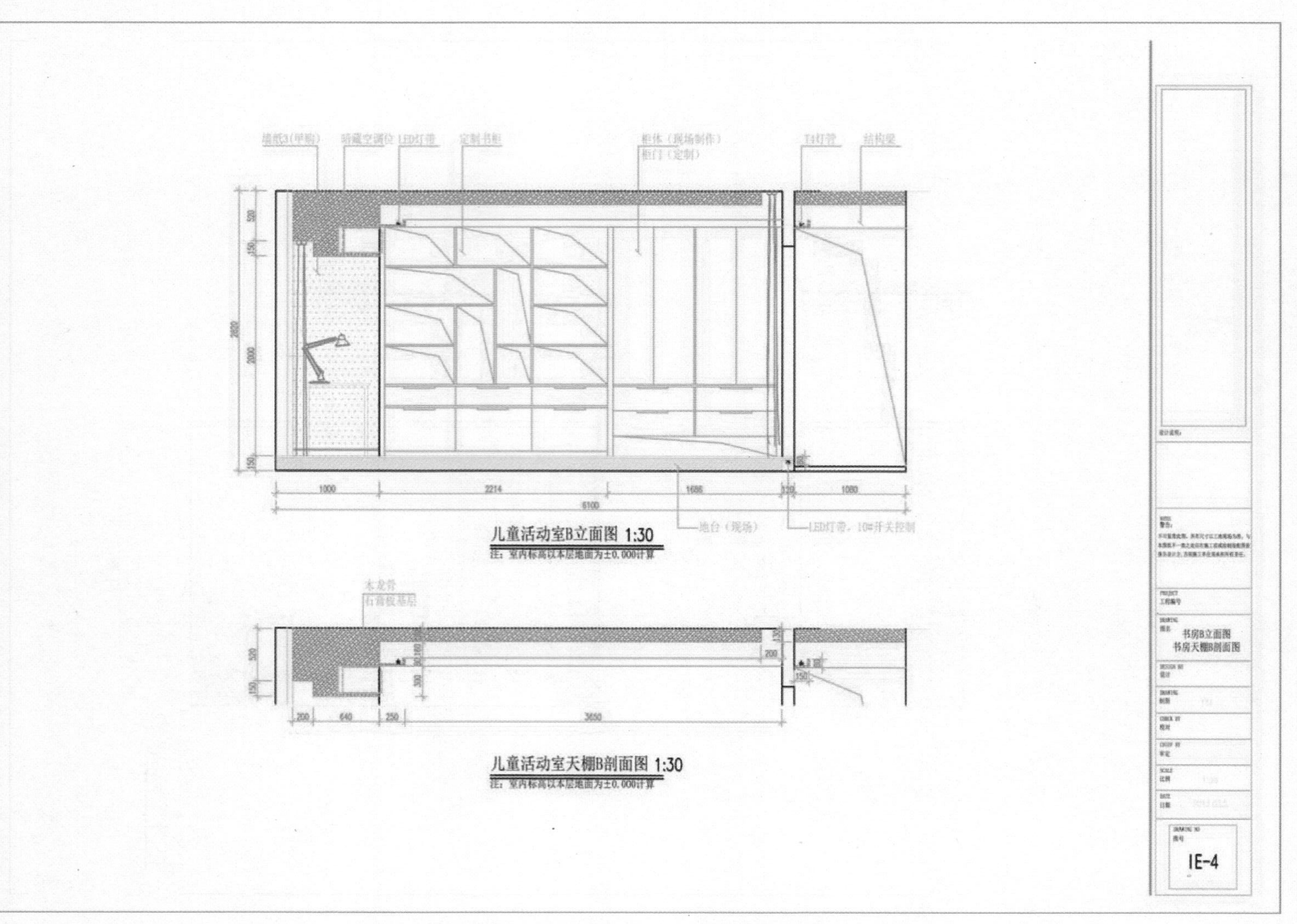

图 2-24 儿童活动室 B 立面图、儿童活动室天棚 B 剖面图

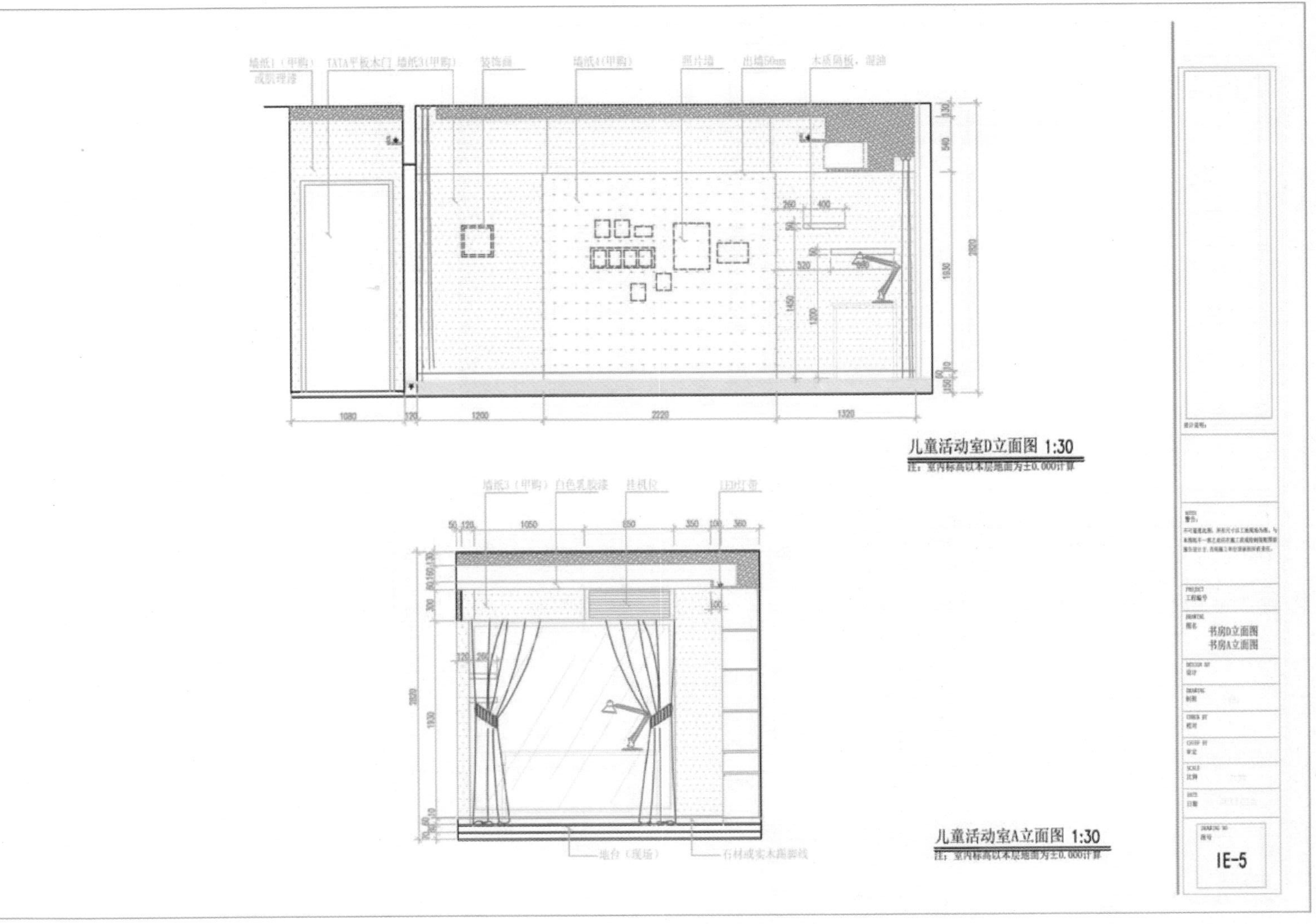

图 2-25　儿童活动室 D 立面图、儿童活动室 A 立面图

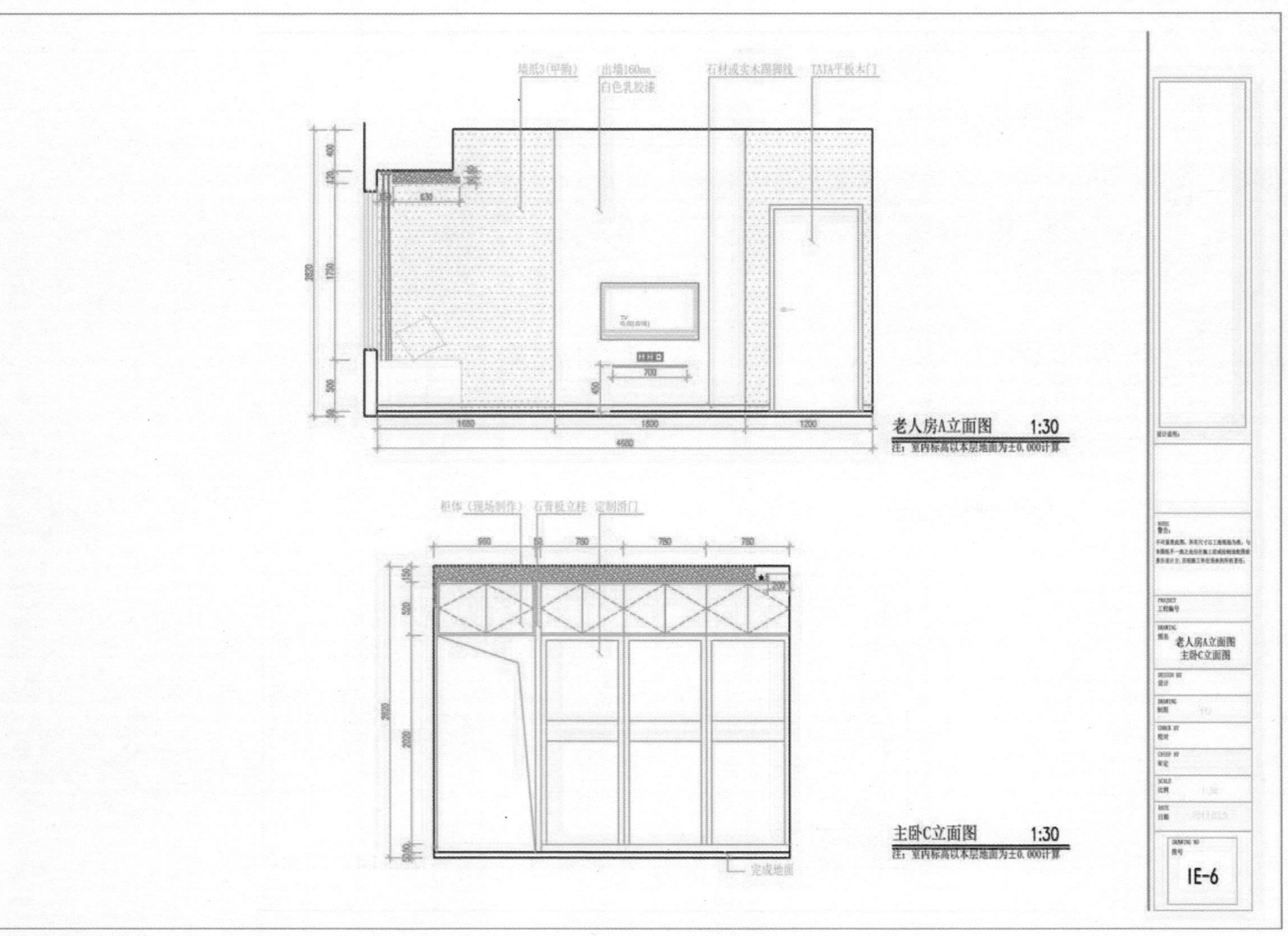

图 2-26 老人房 A 立面图、主卧 C 立面图

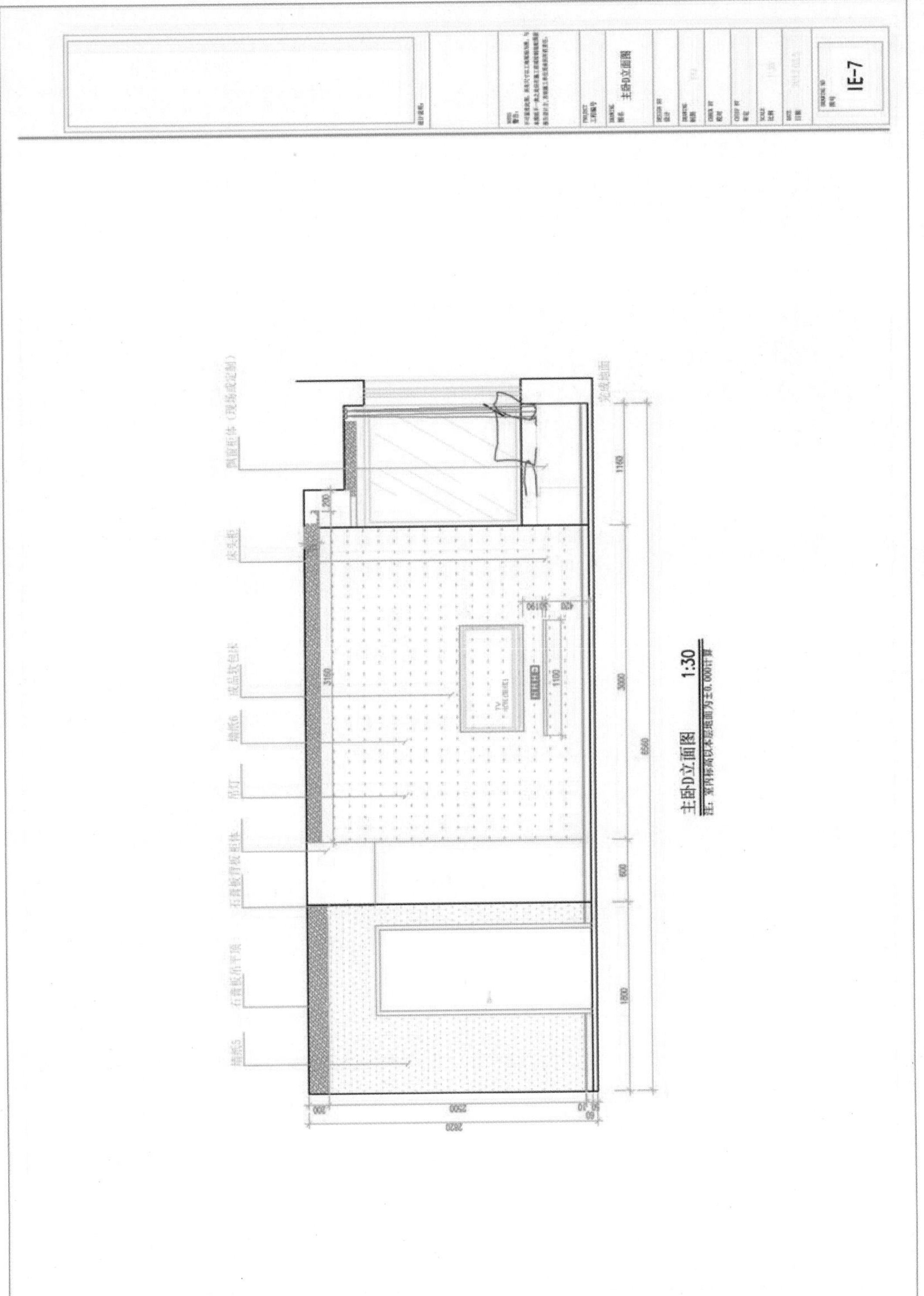

图 2-27 主卧 D 立面图

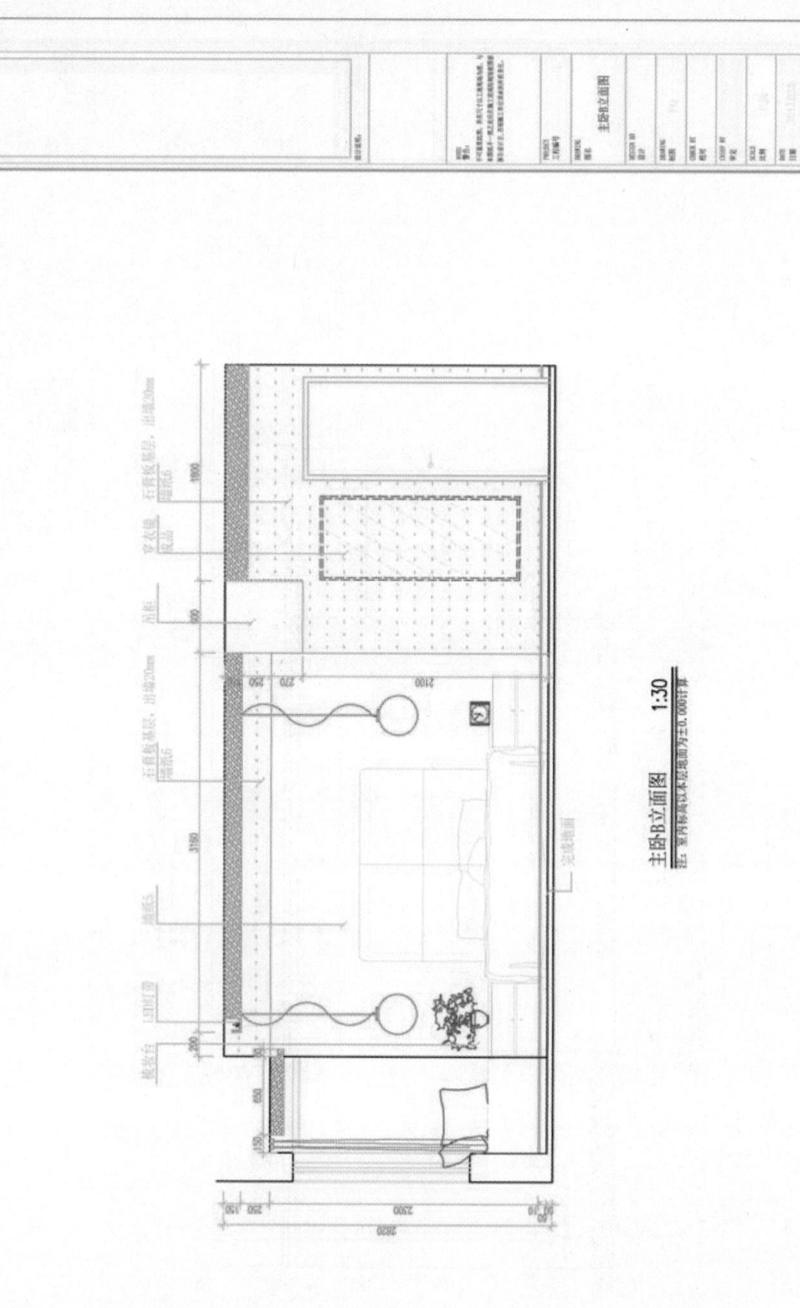

图 2-28 主卧 B 立面图

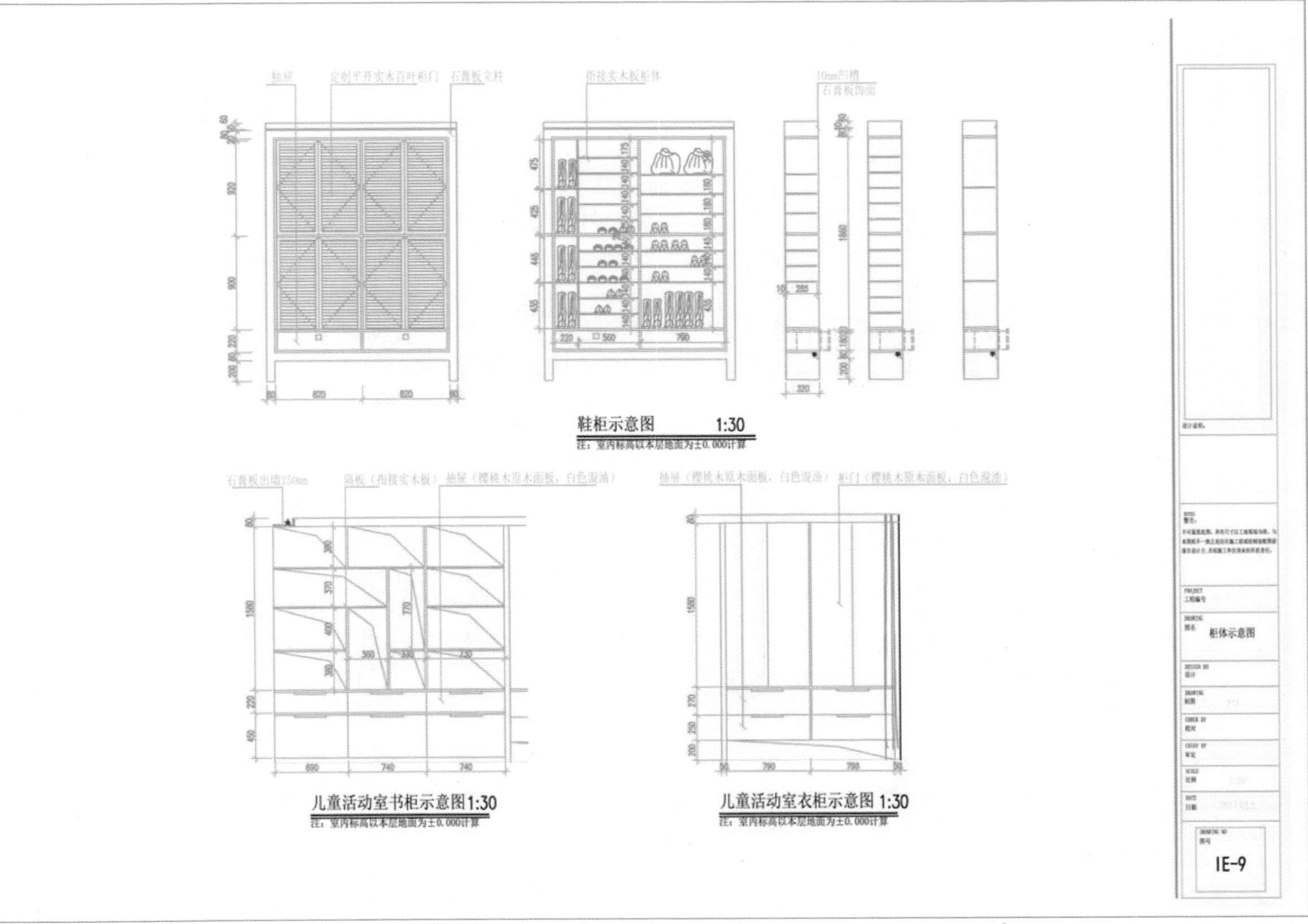

图 2-29　柜体示意图

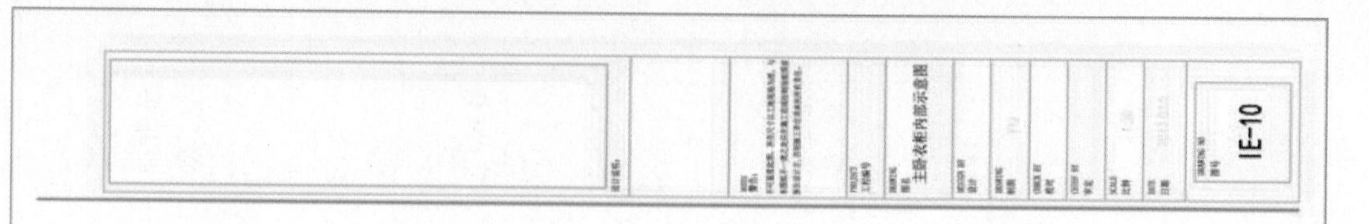

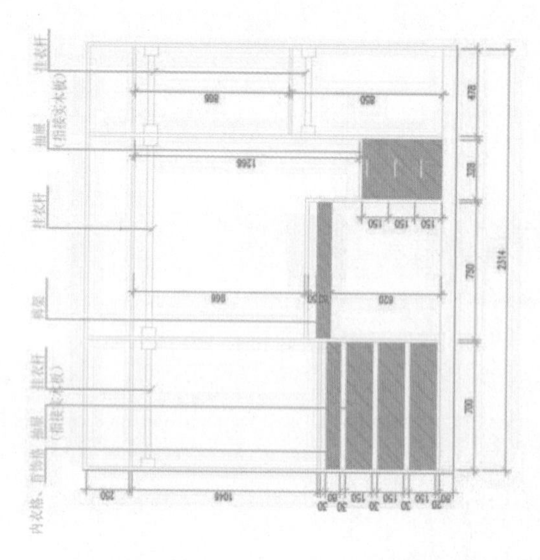

图 2-30　主卧衣柜内部示意图

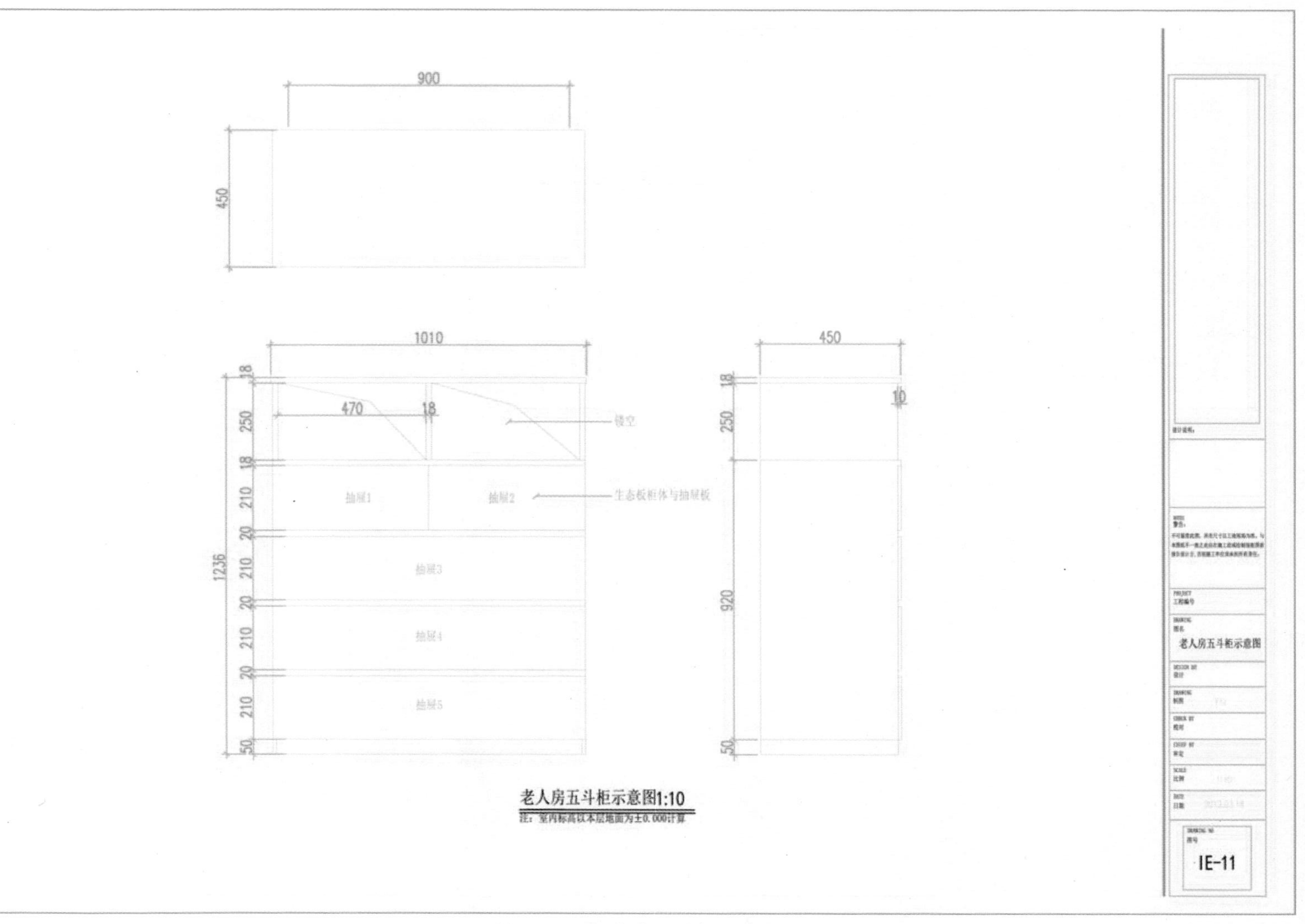

图 2-31　老人房五斗柜示意图

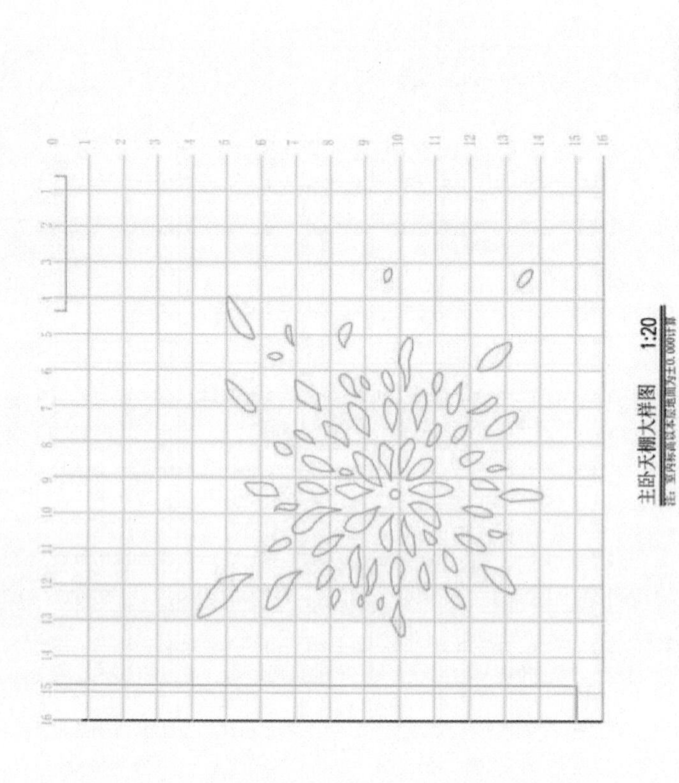

图 2-32 主卧天棚大样图

2.3.5　CAD 出图和打印

如果用 CAD 自带的方法输出成图片文件（即文件→输出→选择 bmp 位图格式；或文件→打印→打印机/绘图仪选择为 jpg），出图精度很差，且难显示准确的线宽效果。在此介绍利用 CAD 打印出高精度文件并显示线宽的方法。

（1）首先要添加虚拟打印机。文件→绘图仪管理器→添加绘图仪向导，选择 PostScript Level 1 Plus，一直点击“下一步”直至完成。如图 2-23 所示。

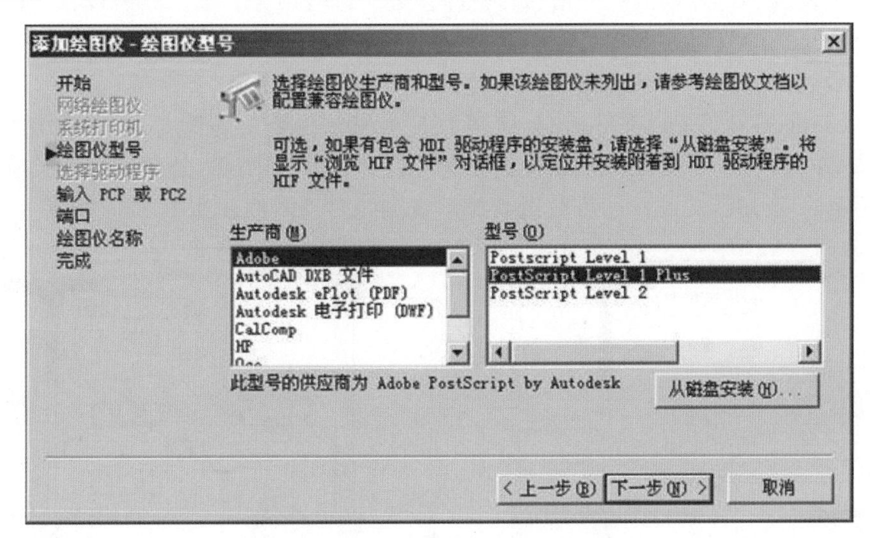

图 2-32　添加虚拟打印机对话框

（2）然后是打印设置（图 2-33）。

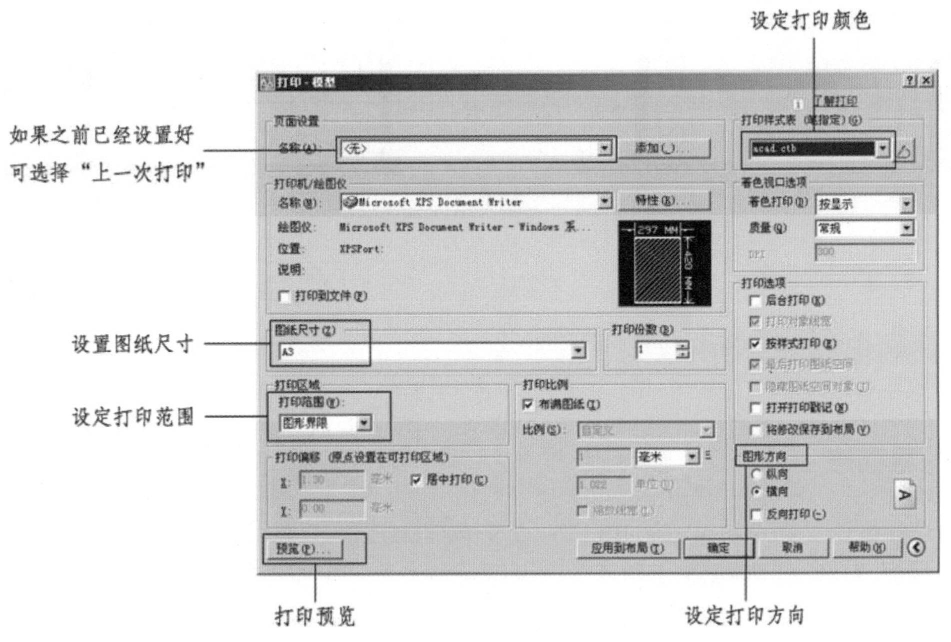

图 2-33　打印设置对话框

① 打开打印对话框，在打印机处选择 PostScript Level 1 Plus，并勾选上“打印到文件”。

② 在右上角的打印样式部分选择 acad.ctb，并点击右边的图标，在弹出的打印样式编辑器中，将全部打印颜色改为“黑色”，线宽为默认的“使用对象线宽”。一般来说，如果打印成 A3 图纸大小的图片，特细线宜用 0.05（铺装填充），细线宜用 0.09（门窗），中粗宜用 0.15（家具、隔断），粗线宜用 0.3（墙、柱）。

③ 接下来设置好图纸尺寸、打印范围、布满图纸、打印方向等。

（3）完成设置后，可点击左下角的“打印预览”进行预览。如果之前设置无误，此时已经可以预览到正确的线宽效果。

（4）之后点击“确定”，将 CAD 图纸打印成 eps 格式文件。

用 photoshop 打开该 eps 文件，改分辨率为 300(如果需要更高精度，可继续增大分辨率)。先 ctrl + J 复制一个图层，把底图层填充为白色，并且合并两图层。通过增加对比度使图片更清晰，最后另存为 JPG 文件，即可获得能显示线宽的高清图档。如图 2-34 所示。

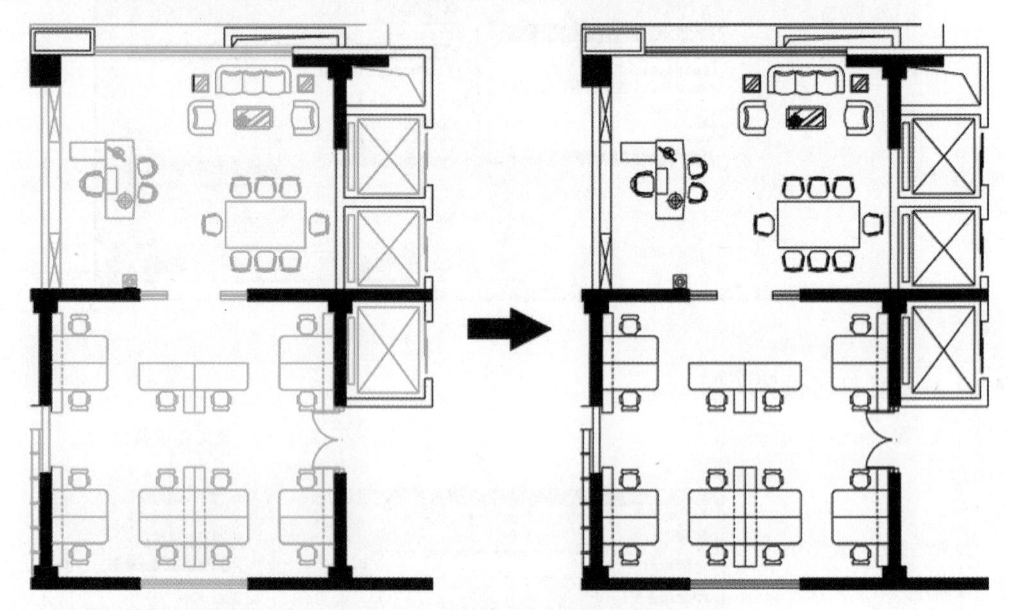

图 2-34 设置前后出图效果对比

2.4 个性化案例赏析

【情景描述】

王宅的设计暂告一段落后，BRAIN 就安排 TIM 去做公司的设计资料整理汇编工作。BRAIN 希望 TIM 通过学习前辈的经验，获得新的启发。在资料整理的过程中，TIM 发现了两个很特别的方案，都是由 BRAIN 亲自操刀的。与王宅所走的大众路线不同，这两个项目都有自己更为鲜明的个性诉求，设计手法也更为大胆。

案例 1：魔法城堡

家庭情况	家庭成员：周先生 27 岁（建筑设计师）
房屋情况	电梯楼，清水房，住宅面积：44 平方米
客户需求	1. 对方正的户型感到厌倦，希望空间充满流动感 2. 热爱烹饪，希望增加现有的厨房面积 3. 平时在家也常常加班，需要一个相对宽敞的工作区域 4. 恋爱中，但暂时没有结婚添丁的打算。在附近读高中的表妹会偶尔过来留宿，希望能设一个客卧，并拥有相对的私密性 5. 希望房间色调清爽，宽敞明亮
设计对策	1. 将室内的非承重墙统统打掉，以更具动感的弧线墙取代 2. 将厨房扩充一部分至卫生间和生活阳台，同时安插储藏空间 3. 开敞的书房以地台作为空间分隔，书桌造型时尚好用 4. 在书房旁设置双层空间，上层作为客卧，下层作为储藏空间 5. 整体色调以蓝白为主，时尚简约，空间整体感强
设计点评	再小的空间只要合理规划，总能享受到双倍的开阔和惬意。整个设计符合客户所有需求，既表现时尚感又可以让其在工作之余回归童趣，放松身心

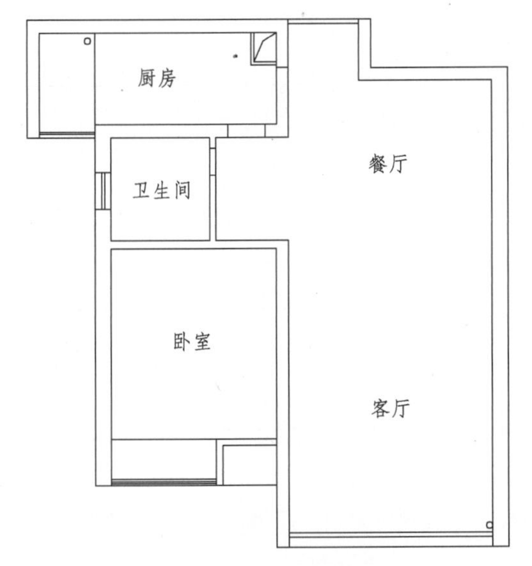

图 2-35 原始平面图

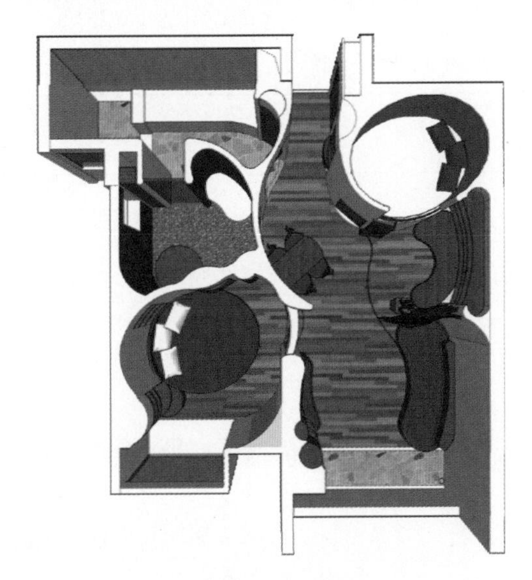

图 2-36 方案模型

图 2-37 作为隔断的书架设计满足了书房采光

图 2-38 餐桌可根据需要放下收起

图 2-39 地台为书房做了空间划分

图 2-40 墙洞让夹层卧室既私密又通透

图 2-41 旋转衣架方便储藏拿取

案例 2：学玲雅居

家庭情况	家庭成员：蒋女士 30 岁（时尚编辑），李先生 34 岁（商人）
房屋情况	住宅面积：140 平方米。空间狭长，入户门直面墙壁，玄关处狭窄，客厅不大，所有门洞几乎在一条走道上，且走道正对卧室，私密性不足
客户需求	1. 丁克家庭，两人的业余时间相对较多，朋友常来家中聚会，需要一个活动室和一个较大的客厅 2. 家中衣服、鞋帽、箱包很多，需要各自相对独立的储存空间 3. 女主人希望有独立的衣帽间和化妆间，主卫能兼顾淋浴和泡澡 4. 对各种设计风格并无太多概念，只要求舒适、沉稳、浪漫，摒弃外在浮夸，不局限于某种风格
设计对策	1. 合围式大沙发和隐藏式电视机柜营造出一个好友聚会的空间。设计并未规避走廊，反而以拱券式序列加以延伸，形成了空间上的层次感 2. 借用部分生活阳台，形成一个嵌入式鞋柜，增加储物空间 3. 将主卧与旁边的房间合并成一个大的弧形空间，满足了设置独立的衣帽间和化妆间的要求 4. 大量使用自然色调，混搭风格，在沉着稳重中突显主人浪漫情怀
设计点评	反复使用拱门这个装饰母题，在有序的空间中建造开放与闭合的功能关系，将门、空、画三者合一，形成多变的空间格局，创造了符合业主期望的家居环境。

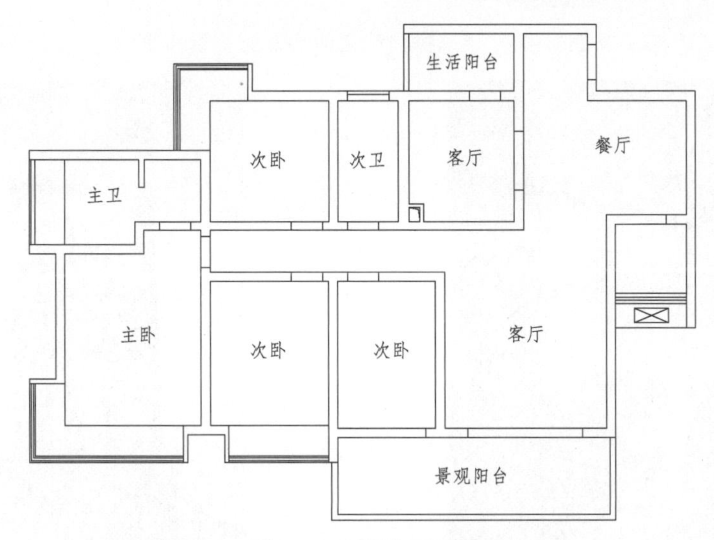

图 2-42　原始平面图

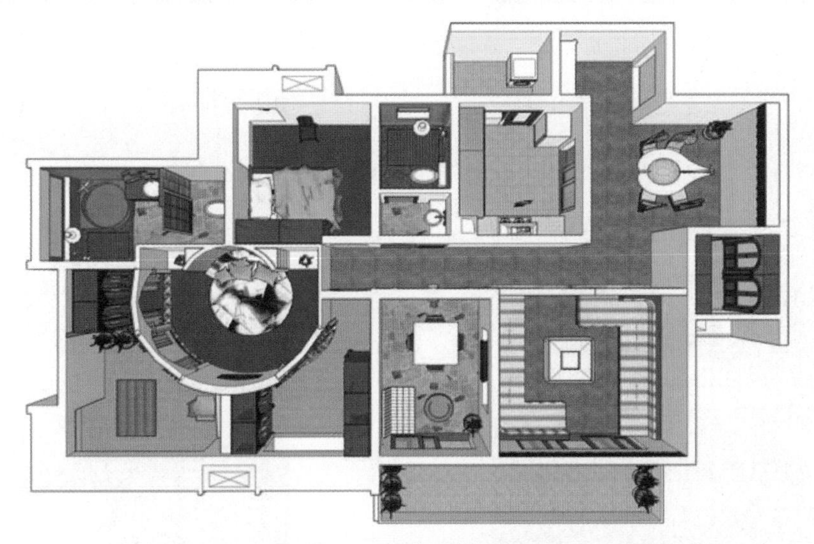

图 2-43　方案模型

图 2-44　连续拱门让空间层次感更加丰富

图 2-45　围合的沙发形式营造良好的交谈氛围

图 2-46　嵌入式鞋柜，增加储物空间

图 2-47　隐藏式电视机柜

图 2-48　餐厅设计

项目三 装饰工程预算环节实务

职业能力目标

- 了解家装工程施工图预算的计价模式
- 掌握家装工程施工图预算的计价程序
- 掌握装饰工程施工图预算编制的方法和步骤
- 了解家装工程预算常见特殊情况处理

就算是再好的方案，如果造价超过业主所能承受的经济范围，也只是镜花水月、空中楼阁。作为设计师，我们不但应具备专业的设计能力，还要熟悉材料和施工工艺，了解工程造价，根据图纸做出合理的工程预算报价。

在方案确定后，设计师应与项目经理一起审核施工图并进行预算报价。首先是统计出各分项工程的实际装饰面积，然后将其填入公司已有的预算报价系统（图 3-1），计算出该工程项目的总预算金额。

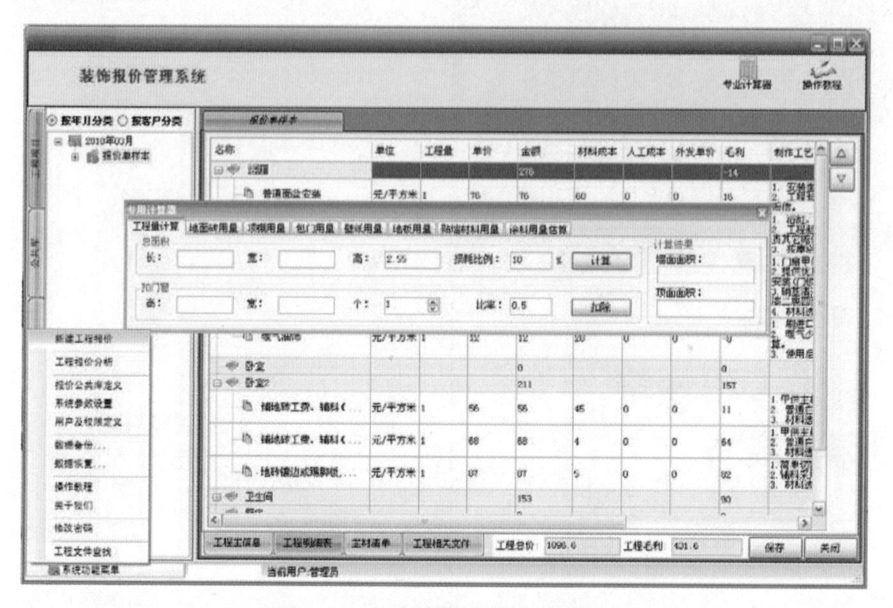

图 3-1　家装预算报价软件界面

【情景描述】

说起预算报价，TIM 脑子里真是一头雾水，完全不知从何下手。正在 TIM 一筹莫展之余，工程部的陈师傅到了。陈师傅是负责这个工程的项目经理，他这次来，是为工程交涉的事。从陈师傅那里，TIM 了解到了很多关于预算报价和项目施工的事，原来家装工程的预算工作非常简单。

3.1　装饰工程预算实务知识

3.1.1　装饰工程预算的计价模式

定额计价和清单计价是工程计价的两种主要形式，家装工程普遍采用定额计价。定额计价是指在工程造价的确定中，根据现行的计量规则计算工程量，然后依据现行的概预算定额，套用人工、材料和机械消耗量，确定相应单价，计算直接费用；再根据取费定额确定或套用其各项费用及利润、税金；最后确定工程造价。

对于家装工程来说，基本上每个公司都有自己一套成形的预算编制程序，和公司内部用定额，只要把算好的工程量逐一套进去，工程总价自然就出来了。

3.1.2　家装工程预算计算程序

对于不同的家装企业来说，家装预算的编制程序稍有差别，但大体上是一样的，以下为某装饰公司家装预算的计算程序：

① 基础装修费用：Σ工程量×单价（单价依据家装报价模板中价格）

② 定制品费用：Σ定制品工程量×单价（单价参照工厂价格或家装报价模板中价格）

③ 特殊工艺费用：Σ特殊工艺费用合计（属于家装报价模板中没有确定单价的项目，一般由专业预算人员进行成本分析确定，例如装饰造型、装饰点缀、装饰背景墙、楼梯、扶手、栏杆等项目）

④ 主要材料费用：Σ材料数量×材料价格（家装工程主要材料一般按市场价格单列费用）

⑤ 管理费：（①+②+③+④）×费率（目前家装工程管理费的费率一般在5%~10%）

⑥ 税金：（①+②+③+④+⑤）×税率（按照工商部门规定的税率进行）

⑦ 预算造价：①+②+③+④+⑤+⑥

由于家装企业营销的需要和家装行业的特殊性，对第①项基础装修费用和第③项特殊工艺费用都取管理费。而对第②项定制品费用和第④项主要材料费用，很多装饰企业一般降低管理费的费率，或干脆就不收取管理费。

3.1.3　装饰工程施工图预算编制的方法与步骤

1. 装饰施工图预算编制的依据

由于编制施工图预算的主体或采取的计价方式不同，装饰工程施工图预算编制的依据也有所差别，但总的要求基本是一致的。例如以施工单位为编制主体，其施工图预算编制依据主要包括以下几点：

① 国家或省级、行业建设主管部门颁发的计价定额和计价办法；

② 施工图纸、设计说明及标准图集；

③ 施工组织设计或施工方案；

④ 招标文件；

⑤ 企业定额；

⑥ 市场价格信息；

⑦ 其他的相关资料，主要包括技术性资料和工具性资料。

注意：其中安装工程由于相对简单，一般只参考②③④⑤点。

2. 定额计价模式下装饰施工图预算的编制

（1）定额计价模式下文本格式。定额计价法目前还没有规定统一的文本格式，装饰企业可以根据装饰工程具体情况编制适合的装饰工程预算文本格式。下面以编制装饰工程预算书为例，介绍定额计价法的文本格式，作为编制装饰工程施工图预算的参考。文本格式中的应用表格可以参照“3.2.1　定额计价模式下装饰工程施工图预算编制常用表格”。

① 封面；

② 编制说明；

③ 单位工程造价汇总表；
④ 分部分项工程定额直接费表；
⑤ 工程量计算表；
⑥ 单位工程人、材、机价差表；
⑦ 甲供主材明细表。

（2）定额计价模式下施工图预算编制步骤。以编制“装饰工程预算书”为例，见图 3-2。

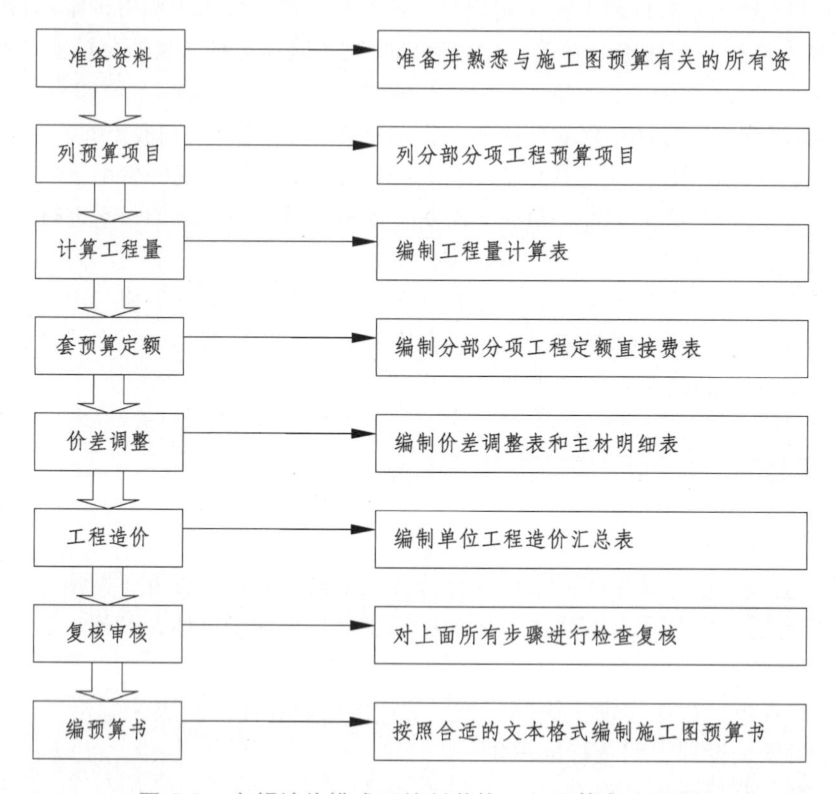

图 3-2 定额计价模式下编制装饰工程预算书流程图

特别提示

家装工程预算的特点

1. 由于家装工程协调工作量大、工作效率低，无效工作时间和等待时间占工期的比例大，加之单户工程造价低、管理成本高，造成间接费用在成本中所占比例高。

2. 家装工程的设计和施工一般均由装饰公司承担，合同前大量工作的成本支出，如家装咨询、方案设计、预算编制等费用支出，消费者一般不予认可，在预算中无法正式体现，往往摊进施工费中，并且加收管理费来进行成本平衡。

3. 家装工程施工工艺差异性很大，材料种类和档次千差万别，使得同样建筑面积或使用面积的家装项目，预算造价存在巨大的差别。

4. 业主参与性强，其意见不仅在前期左右预算造价，而且随着工程施工进程，业主要求设计变更和材料变更极为频繁，造成家装预算造价与结算造价差异性很大。

3.2　装饰工程施工图预算编制常用表格

3.2.1　定额计价模式下装饰工程预算编制常用表格（表 3-1～表 3-7）

表 3-1　装饰工程预算书封面

王先生住宅装饰工程预算书

工程名称：王先生住宅装饰工程

建设单位：××房地产开发有限公司

工程造价（小写）：

（大写）：

施工单位：××装饰工程有限公司

编 制 人：（签字）

审 核 人：（签字）

编制时间：××××年××月××日

表 3-2　编制说明

编 制 说 明

一、本预算直接工程费依据全国统一建筑装饰工程参考定额与报价（2010 年版）进行编制。

二、本预算各项取费标准依据全国统一建筑装饰工程参考定额与报价（2010 年版），其中组织措施费率 11.35%，施工管理费率 15.00%，规费费率 17.80%，利润率 5.15%（以直接工程费为计价基数），税率 3.41%。

三、泥工施工项目中，泥工普工按 60 元/工日，泥工技工按 80 元/工日进行人工费价差调整，主要材料按当前市场价格进行材料费价差调整，机械费不调价差。

四、预算项目和工程量计算，以甲方提供的施工图纸为准。

五、甲方提供的“甲供主材明细”按市场信息询价，只作为暂估价供甲方参考。

表 3-3 单位工程造价汇总表

工程名称：王先生住宅装饰工程

<table>
<tr><th>序 号</th><th colspan="2">费用项目</th><th>计算方法</th><th>金额/元</th></tr>
<tr><td>1</td><td colspan="2">直接工程费</td><td></td><td></td></tr>
<tr><td>2</td><td colspan="2">其中：人工费</td><td></td><td></td></tr>
<tr><td>3</td><td colspan="2">机械费</td><td></td><td></td></tr>
<tr><td>4</td><td colspan="2">技术措施费</td><td></td><td></td></tr>
<tr><td>5</td><td colspan="2">其中：人工费</td><td></td><td></td></tr>
<tr><td>6</td><td colspan="2">机械费</td><td></td><td></td></tr>
<tr><td>7</td><td colspan="2">组织措施费</td><td>（2＋3＋5＋6）×11.35%</td><td></td></tr>
<tr><td>8</td><td colspan="2">甲供主材费</td><td></td><td></td></tr>
<tr><td>9</td><td rowspan="3">价差</td><td>人工价差</td><td></td><td></td></tr>
<tr><td>10</td><td>材料价差</td><td></td><td></td></tr>
<tr><td>11</td><td>机械价差</td><td></td><td></td></tr>
<tr><td>12</td><td colspan="2">施工管理费</td><td>（2＋3＋5＋6）×15.00%</td><td></td></tr>
<tr><td>13</td><td colspan="2">规 费</td><td>（2＋3＋5＋6）×17.80%</td><td></td></tr>
<tr><td>14</td><td colspan="2">利 润</td><td>（1＋4＋7＋9＋10＋11）×5.15%</td><td></td></tr>
<tr><td>15</td><td colspan="2">不含税工程造价</td><td>1＋4＋7＋8＋9＋10＋11＋12＋13＋14</td><td></td></tr>
<tr><td>16</td><td colspan="2">税 金</td><td>15×3.41%</td><td></td></tr>
<tr><td>17</td><td colspan="2">含税造价</td><td>15＋16</td><td></td></tr>
</table>

表 3-4　分部分项工程定额直接费表

工程名称：王先生住宅装饰工程

序号	定额编号	定额名称	单位	工程量	基价/元	其中/元			合价/元	其中/元		
						人工费	材料费	机械费		人工费	材料费	机械费
		一、楼地面工程										
1	B1-9	垫层、碎砖、灌浆	10 m^3	0.242	1 188.91	506.22	645.97	36.72	287.72	122.51	156.32	8.89
2	B1-86	零星项目、大理石、水泥砂浆	100 m^2	0.045 2	14 042.62	2 305.62	11 621.15	115.85	634.73	104.21	525.28	5.24
		二、墙柱面工程										
1	B2-210	镶贴陶瓷锦砖（水泥砂浆粘贴）	100 m^2	0.014 4	6 777.32	5 071.38	1 679.97	25.97	97.59	73.03	24.19	0.37
2	B2-276	镶贴 240 mm×60 mm 面砖（水泥砂浆粘贴）灰缝 5 mm 以内	100 m^2	0.091 3	5 833.85	2 377.38	3 410.38	46.09	532.63	217.05	311.37	4.21
		三、天棚工程										
1	B4-25	天棚木龙骨、不上人型 40 mm×40 mm 一级、次龙骨中距 305 mm×305 mm	100 m^2	0.045 1	5 508.14	525.42	4 977.80	4.92	248.42	23.70	224.50	0.22
		四、门窗工程										
1	B5-13	无纱镶板门、单扇无亮制作	100 m^2	0.132 3	12 582.16	1 765.08	10 477.86	339.22	1 664.62	233.52	1 386.22	44.88
2	B5-14	无纱镶板门、单扇无亮安装	100 m^2	0.132 3	2 637.26	1271.4	1 364.38	1.48	348.91	168.21	180.51	0.20

续表

序号	定额编号	定额名称	单位	工程量	基价/元	其中/元			合价/元	其中/元		
						人工费	材料费	机械费		人工费	材料费	机械费
		五、油漆涂料裱糊工程										
1	B6-68	聚氨酯漆，三遍	100 m^2	1.85	1 651.57	906.72	744.85		3 055.40	1 677.43	1 377.97	0.00
2	B6-306	抹灰面漆、乳胶漆、抹灰面，三遍	100 m^2	2.655 7	967.49	573.12	394.37		2 569.36	1 522.03	1 047.33	0.00
		六、其他工程										
1	B7-19	嵌入式木壁柜	10 m^2	0.161	4 300.98	763.81	3 371.19	165.98	692.46	122.97	542.76	26.72
2	B7-308	垃圾外运、汽车运建筑垃圾，运距在 1 000 m 以内	100 m^3	0.128	361.46	141.96		219.50	46.27	18.17	0.00	28.10
		直接工程费合计										
		七、技术措施										
1	B10-3	成品保护、地砖、楼地面	100 m^2	0.521 5	85.68	21.00	64.68		44.68	10.95	33.73	0.00
		技术措施费合计										

表 3-5　工程量计算表

工程名称：××住宅装饰工程

序号	项目名称	单位	数量	项目所在部位
	一、楼地面工程			
1	过门石大理石	m^2	2.24	客厅＋厨房＋书房＋主卧＋衣帽间＋主卫＋儿童房
2	飘窗台面大理石	m^2	2.28	主卧＋儿童房
	二、墙柱面工程			
1	墙面马赛克	m^2	1.44	卫生间
2	外墙面砖	m^2	9.13	厨房阳台＋客厅阳台
	三、天棚工程			
1	木龙骨平顶	m^2	4.51	衣帽间＋儿童房
	四、门窗工程			
1	镶板门	m^2	13.23	客厅＋厨房＋书房＋主卧＋衣帽间＋主卫＋儿童房
	五、油漆涂料裱糊工程			
1	家具油漆	m^2	185.00	儿童房＋衣帽间＋主卧＋书柜＋酒柜（展开面积）
2	墙面和顶面乳胶漆	m^2	265.57	儿童房＋衣帽间＋主卧＋厨房阳台＋客厅阳台＋客厅
	六、其他工程			
1	家具顶板	m^2	7.03	儿童房＋衣帽间＋主卧＋书柜＋酒柜
	七、技术措施			
1	成品保护地砖	m^2	52.15	

表 3-6　单位工程人、材、机价差调整表

工程名称：××住宅装饰工程

序号	项目名称	规　格	单位	工程量	定额消耗量	耗用量	预算价/元	市场价/元	价差/元	价差合计/元
	一、人工费价差									
1	泥工施工项目	泥工，普工	工日			16.36	42	60	18	294.53
2		泥工，技工	工日			33.22	48	80	32	1 063.18
3		泥工，高级技工	工日			0	60			0
	合　计									
	二、材料价差									
1	实木地板	企口烤漆板	m^2	33.91	110	37.30	155	210	55	2 051.56
2	玻化砖	800 mm×800 mm 微晶石	m^2	36.12	104	37.56	179	218	39	1 465.03
3	防滑砖	300 mm×300 mm 防滑地砖	m^2	16.03	102.5	16.43	41.24	70	28.76	472.55
	合　计									

表 3-7　甲供主材明细表

工程名称：××住宅装饰工程

序号	主材名称	型号规格	单位	数量	单价/元	合价/元	备注
1	书　桌	阳光美居 1 250 mm×600 mm×800 mm	张	1	800	800	儿童房
2	椅　子	阳光美居转椅	把	1	240	240	儿童房
3	双人床	孔雀王双人床 1 820 mm×2 020 mm	张	1	4 400	4 400	主　卧
4	床头柜	孔雀王床头柜 1 250 mm×600 mm×800 mm	个	2	400	800	主　卧

3.2.2　家装工程预算特殊情况处理

在遇到有特殊情况的时候，应根据具体的情况额外计算相应费用。例如：墙面裂缝。大面积的裂缝处理是要另行收费的。尤其是满铺石膏板，通常每平方米要加收费用，这项收费往往在预算中体现不出来，而到现场施工时根据实际情况才作为增项单独提出。

有的费用在预算中不会出现，要到工程结束时才会呈现出来，比如地砖拼花和水路、电路施工。有的家庭在铺地砖时喜欢用不同的颜色拼成一定的图案，这笔拼花费用通常也是结算时才提出来的；而预算中关于水路、电路的改造费用通常是先预收一小部分，竣工时再按实际发生的数量进行结算。

在签订正式的装饰施工合同之前，业主应在设计师的陪同下依据施工图复核报价清单的内容，如果双方对报价没有争议，客户应在施工图和报价清单上进行签字确认。

项目四
装饰工程施工环节

职业能力目标

- 掌握装饰工程施工准备工作相关实务
- 熟悉装饰工程施工工艺实务
- 了解装饰工程施工相关法律法规常识
- 了解装饰工程竣工验收实务

4.1　装饰工程施工实务

4.1.1　装饰工程施工准备工作

装饰施工进行之前，首先要做的一件事是进行现场交底。现场交底是指在客户所要施工的装修现场（合同约定地址），业主、设计人员、监理、项目经理进行图纸讲解，尤其是关键部位讲解或特殊设计讲解、预算项目内容讲解说明，以及现场原状的交接、施工项目的明确、甲乙双方责任人的交流、工程顺利进行的前期准备和开工日期的确定。

一般情况下，设计师应出据三份图纸，一份给客户，一份给项目经理，一份自己保留。项目经理阅读图纸以后，根据现场情况提出疑问，设计师作解答，直到完全理解无疑惑，项目经理根据实际情况计算材料、人工，作好施工准备，准备就绪以后，即可进场施工。

装饰工程准备工作应覆盖装饰施工管理的各个方面，包括技术、经济、材料、机具、人员组织、现场条件等，主要包括装饰工程预算和装饰工程施工组织两个方面。施工准备工作不仅要做在施工前，而且要贯穿装饰施工全过程。

装饰工程施工组织设计包括各装饰分项工程施工方法或工艺，拟用的装饰机具一览表，落实装饰施工队伍，落实装饰材料供应，落实施工用电、用水供应，落实现场消防器具和安全设施。

装饰工程施工前应办理的相关手续：

（1）根据国家住建部《家庭居室装饰装修管理试行办法》规定：房屋所有人、使用人对房屋进行装修之前，应当到房屋基层管理单位登记备案，到所在地街道办事处城管科办理开工审批。凡涉及拆改主体结构和明显加工荷载的要经房管人员与装修户共同到房屋鉴定部门申办批准。

（2）向物业管理部门提交以下手续：

① 修申请、施工图纸及所做工程项目的内容；

② 公司的营业执照复件、资质证明（这一项一般没有硬行规定）；

③ 施工人员的身份证、暂住证、务工证；

④ 交纳一定的管理费及押金；办理施工人员临时出入证。

4.1.2　装饰工程施工流程

一般家庭装修工程可按以下流程执行：

（1）主体改拆——进场，拆墙，砌墙。

（2）水电改造——凿线槽，水电改造并验收。

（3）包管道——封埋线槽、隐蔽水电改造工程，闭水实验无渗漏后做防水工程。

（4）贴砖——地砖铺贴及卫生间，厨房墙面砖铺贴，石材门槛石铺贴等。

（5）木工——木工进场，吊天花，做相关造型等；

——包门套、窗套，制作木柜框架；
——同步制作各种木门，造型门及平压；
——木饰面板粘贴，线条制作并精细安装。
（6）刷油——木制面板刷防尘漆（清漆）。
（7）刷墙漆或贴壁纸——墙面基层处理，打磨，找平；
——墙面油 ICI 最少三遍；
——家私油漆进场，补钉眼，油漆。
（8）边角处理——家具、门边接缝处粘贴不干胶（保护边角）。
（9）厨卫吊顶。
（10）安装橱柜、成品门等。
（11）安装开关、插座面板。
（12）安装灯具、洁具、卫浴五金件。
（13）安装晾衣架、窗轨等。
（14）地板——清理边角，铺实木或复合木地板，踢脚线安装。
（15）开荒保洁。

施工开始以后，设计师必须做两件事：

第一，是陪客户选购符合设计与施工要求的建材，包括：地砖、卫浴设施、地砖、门、橱柜、家具、墙纸、灯、乳胶漆、窗帘等。

第二，是要定期到现场与工人进行沟通，交涉施工细节等，至少 3 ~ 5 次。

设计师在陪客户选购建材的时候，一定要帮客户计算好建材的到货周期，并按其使用先后安排选购。一般施工进场前，设计方案敲定以后，设计师应陪同客户先选择瓷砖、卫浴设施，以及选择橱柜公司做橱柜设计方案、选择门。施工进场以后，水电部分就需要卫浴的尺寸、规格，以及厨房的水电点位图；而水电完毕以后，泥水工就要进场做防水，贴砖；厨房、卫生间的墙地砖铺贴完成之后，橱柜公司以及门制作公司就要上门核实实际尺寸，橱柜的制作周期一般在 40 ~ 45 天，门的制作周期一般也在 35 ~ 40 天，如果这些工作不做在前面，就会影响施工进度。

4.1.3 装饰工程施工进度计划

装饰工程施工进度计划通常以工程进度计划表的形式表达，即横道图，其内容基本包括了装修过程中的基本内容，而且它的先后顺序也基本上是装修过程中各项装修项目的先后顺序，当然具体操作过程中有可能根据实际情况会有一些小变动。下面以一份装饰工程施工进度计划表来辅助大家认识和学习。（见图 4-1）

4.1.4 装饰工程施工工艺实务

1. 电路施工工艺

装饰工程施工中，要涉及强电（照明、电器用电）和弱电（电视、电话、音响、网络等），

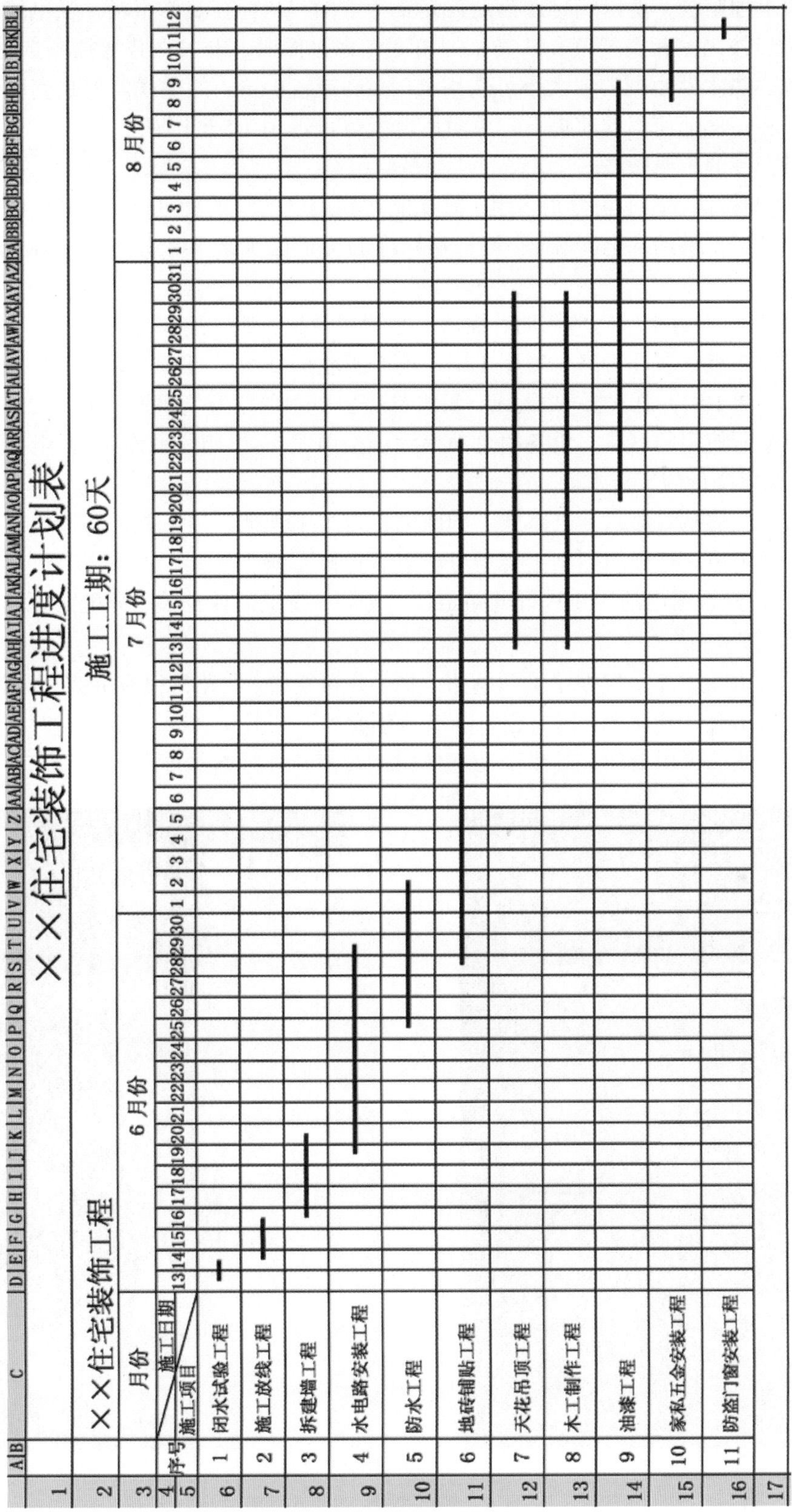

××住宅装饰工程进度计划表

××住宅装饰工程　　　　施工工期：60天

月份		6月份																		7月份																															8月份											
序号	施工日期／施工项目	13	14	15	16	17	18	19	20	21	22	23	24	25	26	27	28	29	30	1	2	3	4	5	6	7	8	9	10	11	12	13	14	15	16	17	18	19	20	21	22	23	24	25	26	27	28	29	30	31	1	2	3	4	5	6	7	8	9	10	11	12
1	闭水试验工程																																																													
2	施工放线工程																																																													
3	拆建墙工程																																																													
4	水电路安装工程																																																													
5	防水工程																																																													
6	地砖铺贴工程																																																													
7	天花吊顶工程																																																													
8	木工制作工程																																																													
9	油漆工程																																																													
10	家私五金安装工程																																																													
11	防盗门窗安装工程																																																													

图 4-1　装饰工程施工进度计划表

电路线一般要求埋暗线，所以线材选择是首先要考虑的。目前在装修市场，强电线材一般选择硬芯护套线。按国家相关规范，从安全的角度考虑，照明、开关、普通插座选用 2.5 mm^2 的电线，空调、热水器根据功率大小可选用 4.0 mm^2 或 6.0 mm^2 的电线。但是实际操作中，为了降低成本和在保证使用的前提下，照明用电线也可选用 1.5 mm^2 的。

（1）电路安装的主要做法。

① 功能性的做法：即不用分很多组，只要能达到用电的目的就可以了，这样的做法大多是房产商为了交房提供的水电安装。一套三房两厅的房子也就分 4 组线，这样的做法不安全，也不提倡。

② 分组做法：即每个空间的照明、插座、空调均单独分组。这样的话，一套三房两厅的房子就需要房间 3 组，客厅 1 组，餐厅 1 组，两个卫生间 2 组，厨房 1 组，三个房间的空调要 3 组，客厅空调 1 组，总共要 12 组线，每组都需要单独的空开（保护开关）控制。现实施工中也经常根据所使用的灯具、设备的总功率大小按照明 1 ~ 2 组、插座 3 ~ 4 组、每个空调 1 组的方式布线以降低施工成本。

（2）电路施工的基本原则。电路施工的原则：走顶不走地，顶不能走，考虑走墙，墙也不能走，才考虑走地。这样的原则主要是考虑以后检修方便。

① 定位：首先根据电的用途进行电路定位，比如，哪里需要开关、哪里需要插座、哪里需要灯等要求。

② 开槽：定位完成后，根据定位和电路走向，开布线槽，线路槽很有讲究，要横平竖直。不过规范的做法不允许开横槽，因为会影响墙的承受力（见图 4-2 ~ 4-4）（开槽时，先用切割机切割出轮廓，然后再用电动工具或手动工具剔除线槽并进行细部打磨）。

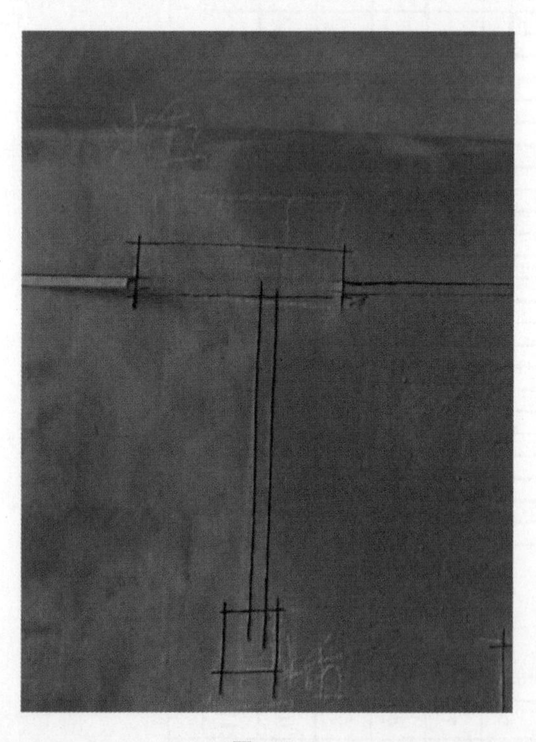

图 4-2

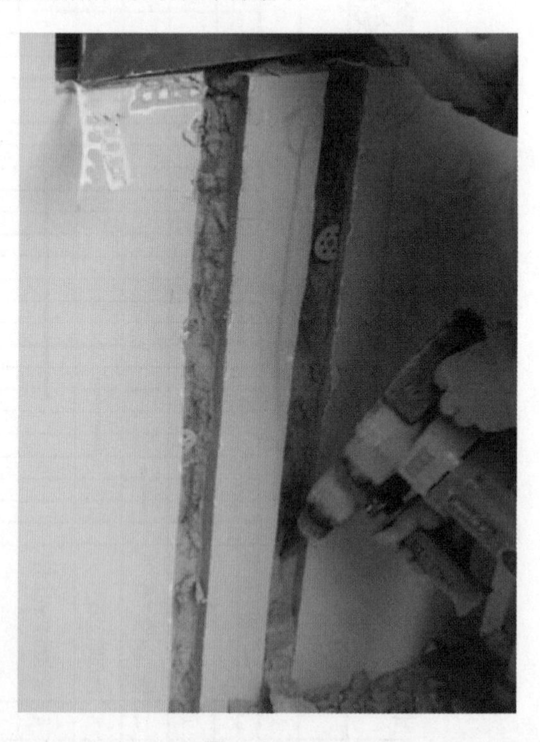

图 4-3

图 4-4

③ 布线：布线一般采用线管暗埋的方式。线管有冷弯管（图 4-5、4-6）和 PVC 管（图 4-7）两种，冷弯管可以弯曲而不断裂，是布线的最好选择，因为它的转角是有弧度的，线可以随时更换，而不用开墙。

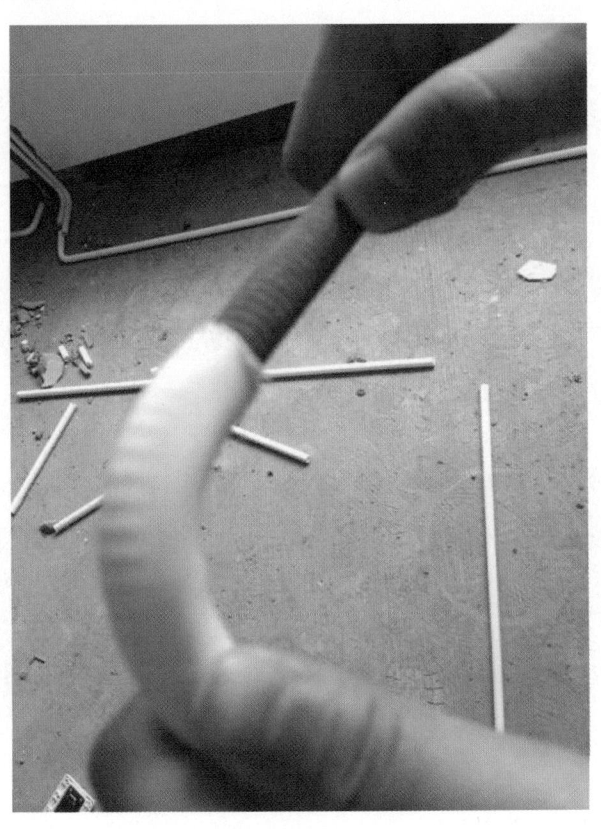

图 4-5

图 4-6

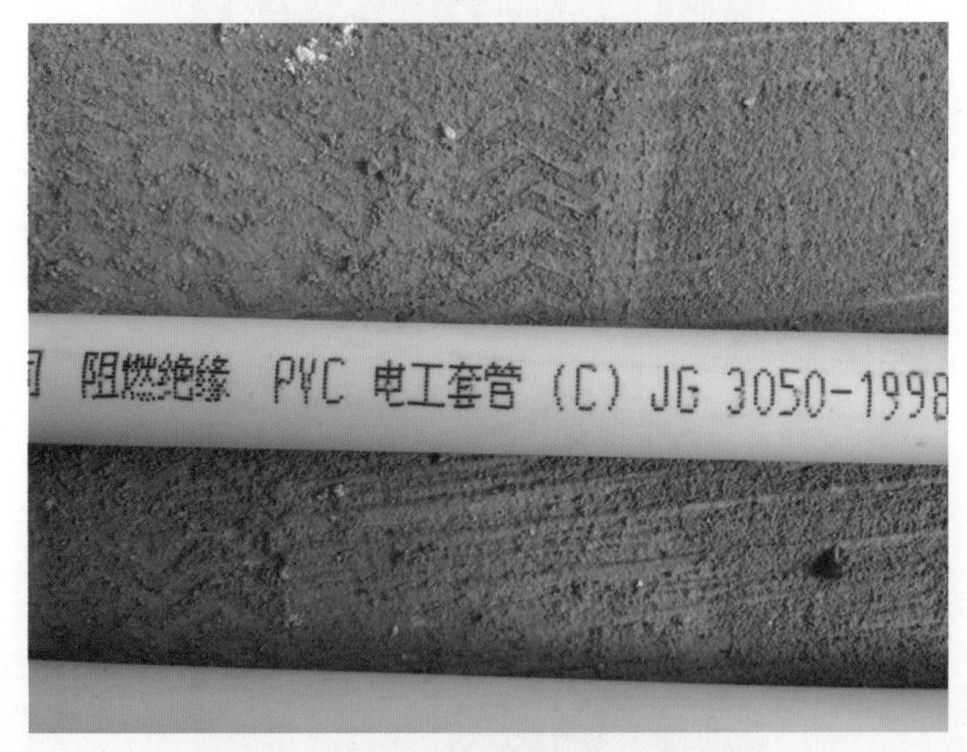

图 4-7

④ 长距离的线管尽量用整管。（见图 4-8）

图 4-8

⑤ 线管如果需要连接，要用接头，接头处需用专用胶黏剂黏结，线管如果需要固定，需采用与线管规格相匹配的专用卡子固定。（见图 4-9、4-10）

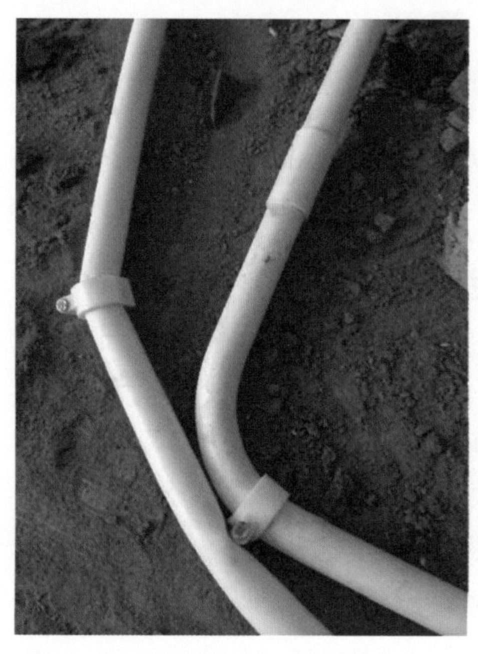

图 4-9

图 4-10

⑥ 布线要遵循的原则：

强弱电不能同穿一根管内，并且强弱电的间距要在 30 ~ 50 cm，以防止互相干扰。（见图 4-11）

图 4-11

管内导线总截面面积要小于保护管截面面积的 40%，比如 20 管内最多穿 4 根 2.5 mm^2 的线。（见图 4-12、4-13）

图 4-12

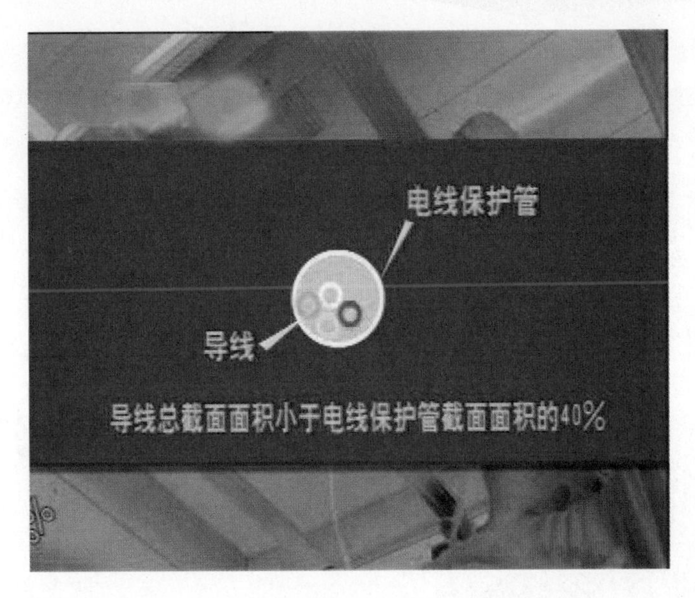

图 4-13

⑦ 当布线长度超过 15 m 或中间有 3 个弯曲时，在中间应该加装一个接线盒，因为拆装电线时，太长或弯曲太多，会导致导线无法在管中穿行。（见图 4-14）

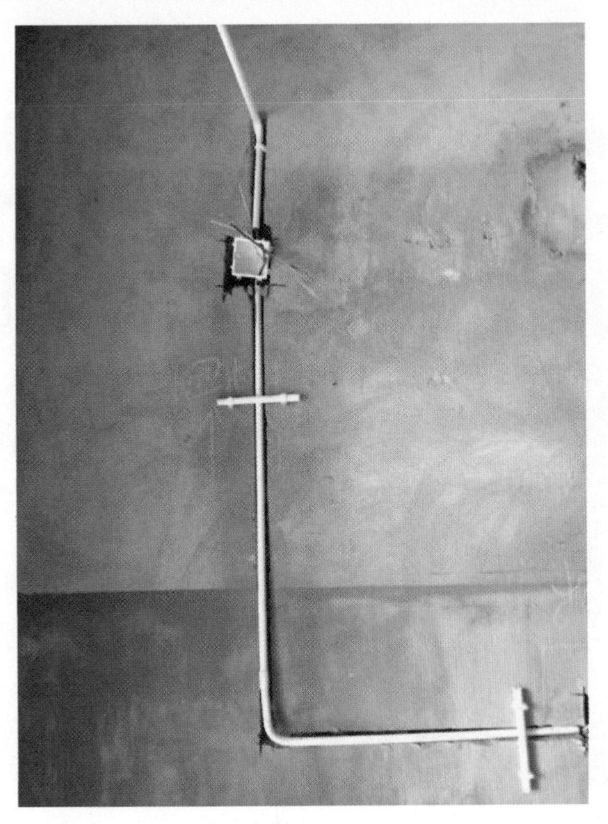

图 4-14

⑧ 一般情况下，电线线路要和煤气管道相距 40 cm 以上。（见图 4-15）

图 4-15

⑨ 没有特别要求的前提下，插座安装应离地 30 cm 高度，空调插座安装应离地 2 m 以上。（见图 4-16）

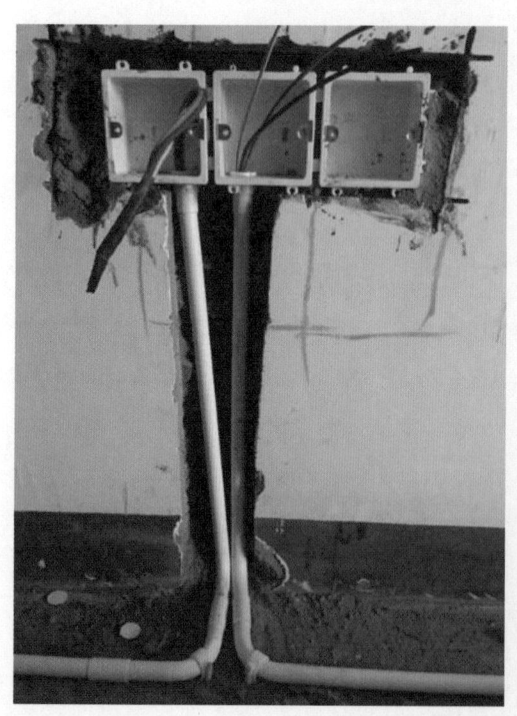

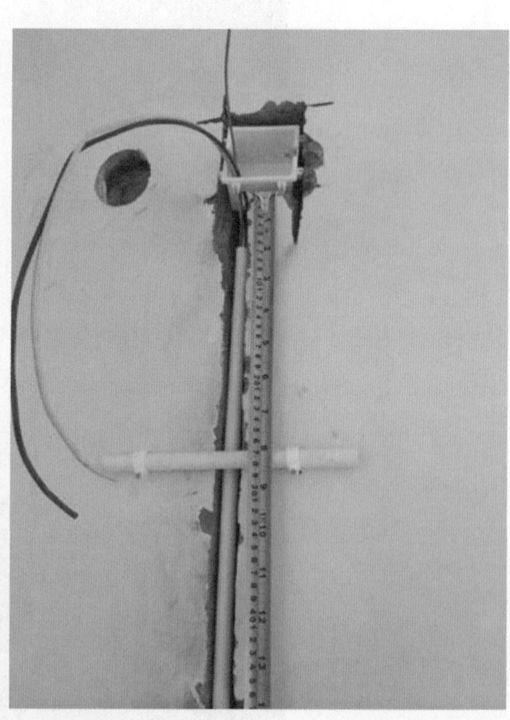

图 4-16

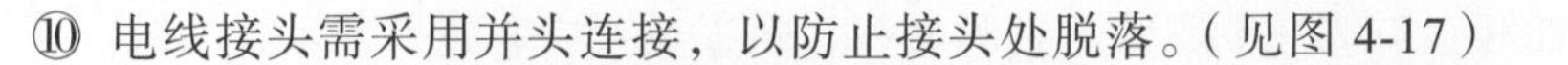

⑩ 电线接头需采用并头连接，以防止接头处脱落。（见图 4-17）

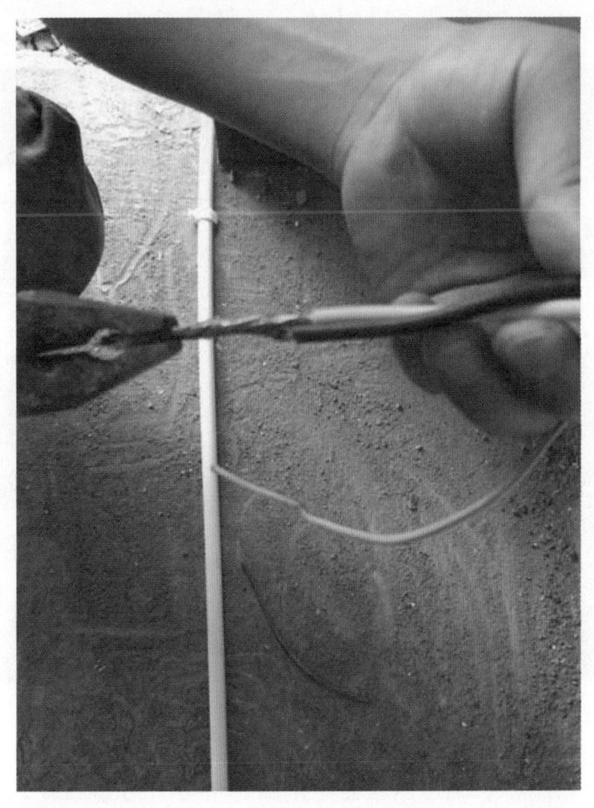

图 4-17

接头处采用按压接线法，必须要结实牢固，并立即用绝缘电工胶布包好。（见图 4-18）

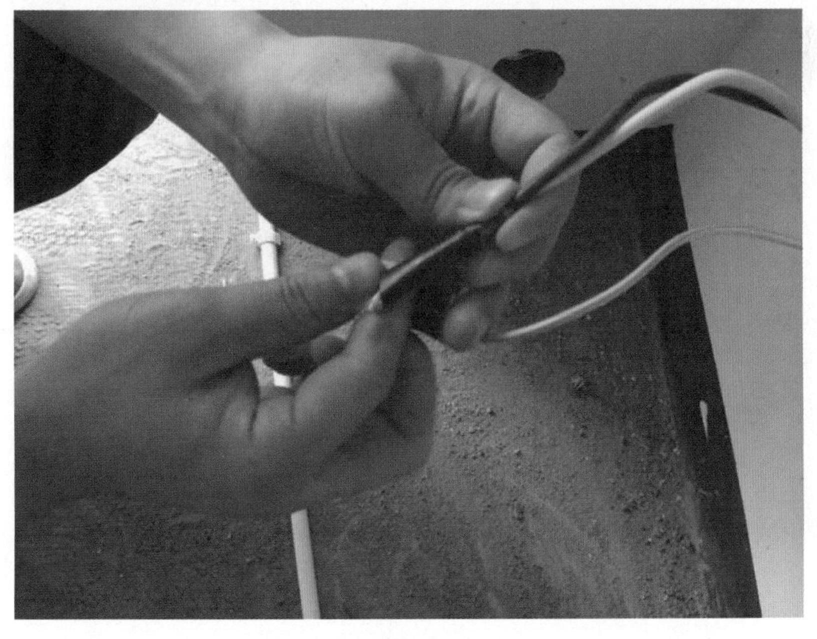

图 4-18

开关、插座面对面板，应该左侧零线、右侧火线。施工过程中，如果确定了火线、零线、地线的颜色，那么任何时候，颜色都不能用混了。（见图 4-19）

图 4-19

不同区域的照明、插座、空调、热水器等电路都要分开分组布线，一旦哪部分需要断电检修时，不影响其他电器的正常使用。（见图 4-20）

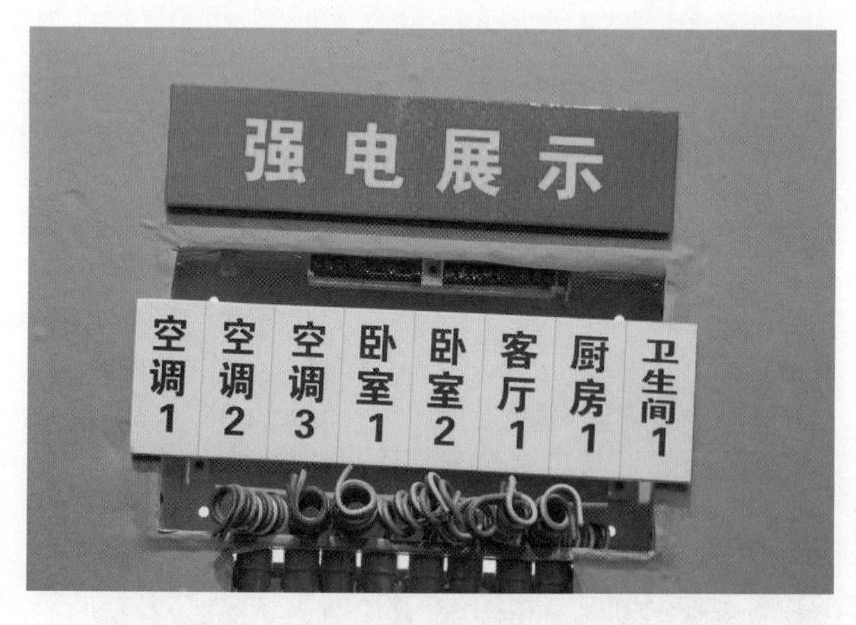

图 4-20

在做完电路后，应为业主做一份电路布置图，并用胶带在墙上标明水电走向，以防在日后检修墙面或安装其他设备时破坏电线线路。（见图 4-21）

图 4-21

2. 水路施工工艺

（1）给水材料。

① 现代装修施工中水管一般采用 PPR 热熔给水管，有纯 PPR 的，还有 PPR 不锈钢及 PPR 紫铜的，功能上分为 PPR 冷水管和热水管，冷热不能混用，尤其冷水管不能作为热水管使用。（见图 4-22）

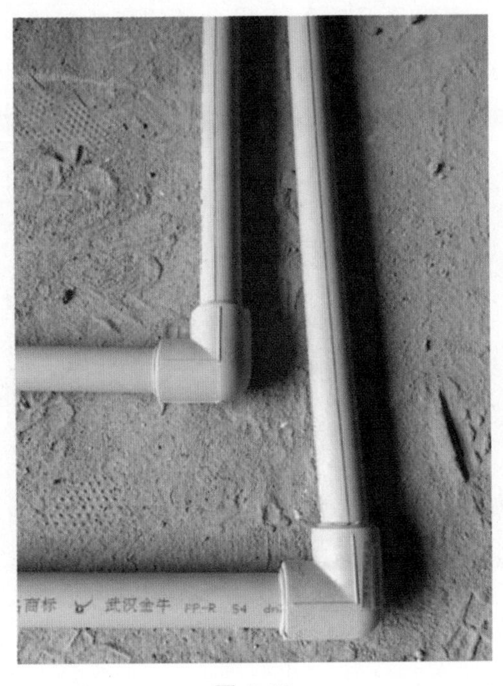

图 4-22

② 热水管与冷水管之间的距离保证在 10 cm 左右。（见图 4-23）

图 4-23

（2）给水施工原则。

① 装饰施工中，水管最好走顶不走地，因为水管安装在地上，要承受瓷砖和人在上面的压力，有踩裂水管的危险。另外，走顶的好处在于检修方便。（见图 4-24）

图 4-24

② 冷热水管要遵循左侧热水右侧冷水，上热下冷的原则。（见图 4-25）

图 4-25

③ 给水管一般用 PPR 热熔管，它的好处在于密封性好、施工快，但施工过程中要注意用力均匀，否则可能会造成管内堵塞，致使水流减小。

④ 安装好的冷热水管管头的高度应在同一个水平面上。

⑤ 水管安装好后，应立即用管堵把管头堵好，防止杂物掉进去。（见图 4-26）

图 4-26

⑥ 水管安装完成后，进行打压测试，检测所安装的水管有无渗水或漏水现象。（见图4-27）

图 4-27

⑦ 打压测试时，打压机的压力一定要达到 0.6 MPa 以上，等待 20～30 min 以上，如果压力表的指针位置没有变化，说明所安装的水管是密封的，才可以放心封槽。

⑧ 下水管虽然没有压力，也要放水检查，仔细检查是否有漏水或渗水现象。

3. 防水施工工艺

防水工程，在装饰施工过程中是最容易产生隐患的环节，必须做好防水材料的选用和选择恰当的施工工艺方法。

（1）防水材料。

防水剂的品种很多（劳亚尔、德高、西卡等品牌），当然施工方法也有区别，有与水泥直接混合使用的，有沥青融化浇面的，有直接涂刷的，但施工原则是一样的，一般位置防水剂要刷 2 遍，横竖各一遍，特殊位置要多刷一遍，不能露刷或有砂眼。

（2）施工原则。

① 作防水前，一定要把需要作防水的墙面和地面打扫干净，一般的墙面防水剂要刷至离地 30 cm 的高度。（见图 4-28）

图 4-28

② 如果墙面背后有柜子或其他家具的，至少要刷至离地 1.8 m 的高度，最好整版墙全刷。（见图 4-29）

图 4-29

③ 地面要满刷，而且必须等第一遍干了后，才能刷第二遍，墙角位置、下水管周围均作为防水重点位置要多刷 1～2 遍。（见图 4-30）

图 4-30

④ 防水做完后进行闭水实验，观察 24 小时，看周围墙面有无渗水现象。

4. 地砖铺贴工艺

（1）水泥河沙选用原则。

① 装饰施工中如果没有特殊的要求，水泥一般采用 325 号硅酸盐水泥，出厂一个月以内的水泥质量是可以保障的。（见图 4-31）

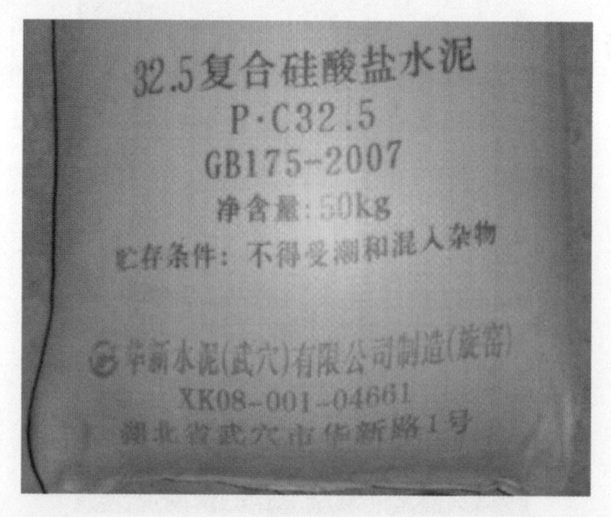

图 4-31

② 水泥、河沙的比例一般采用 1∶3。河沙的选用：贴墙砖、粉墙、砌墙、封槽一般采用中沙；铺地砖一般采用中粗沙。（见图 4-32）

图 4-32

（2）地砖铺贴原则。

① 铺贴地砖前，根据地砖的尺寸和地面尺寸进行预排。

② 同一个房间里，横向纵向的半块砖不能超过一行，并且半块砖应留在将来要放家具的一边或不显眼的地方。

③ 预排规划好了，还要纵横拉两条基准线，保证房间的地砖贴得规矩。

④ 检查基准线是否标准，沿交叉点量出 1.6 m 点和 1.2 m 点，量两点之间的距离如果是 2.0 m，就证明基准线是垂直的、标准的。

⑤ 沿着这个基准线铺贴第一块基准砖（贴法参照铺地砖九步走），那么后面沿着基准线贴出的地砖才会横竖排垂直，不拉线或不精确的拉线，很难达到规矩的效果。（见图 4-33）

图 4-33

（3）铺贴地砖九步走（每一块砖都要经过这九步，步步紧扣，缺任何一步都不行）

第一步：在地面刷一遍水泥和水比例为 0.4 ~ 0.5 的素水泥浆，然后铺上 1 : 3 的水泥砂浆。（见图 4-34）

图 4-34

第二步：砂浆要干湿适度，标准是“手握成团，落地开花”（即干硬性水泥砂浆），并将砂浆摊开铺平。（见图 4-35）

图 4-35

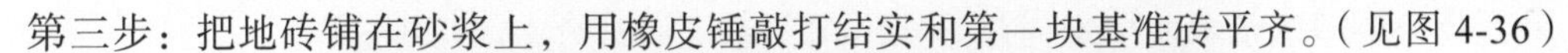

第三步：把地砖铺在砂浆上，用橡皮锤敲打结实和第一块基准砖平齐。(见图 4-36)

图 4-36

第四步：敲打结实后，拿起地砖，看砂浆是否有欠浆或不平整的地方，并撒上砂浆补充填实。(见图 4-37)

图 4-37

第五步：第二次把地砖铺上，敲打结实至与基准砖平齐。（见图 4-38）

第六步：第二次拿起瓷砖，检查地面砂浆是否已经饱满，有没有缝隙，如果已经饱满和平整，在地砖背面均匀地涂抹一层水泥砂浆。（见图 4-39）

图 4-38

图 4-39

第七步：第三次把地砖铺上，敲打结实，和基准砖平齐。（见图 4-40）

图 4-40

第八步：用水平尺检查地砖是否水平，用橡皮锤敲打直到完全水平。（见图 4-41）

图 4-41

第九步：用刮刀从砖缝中间划一道，保证砖与砖之间要有一定的、均匀的缝隙，防止热胀冷缩对砖造成损坏，用刮刀在两块砖上纵向来回划拉，检查两块砖是否平齐。（见图 4-42）

图 4-42

铺贴地砖的过程中，如果遇到一些需要特别处理的地方，要预先切割地砖，然后再进行铺贴。（见图 4-43、4-44）

图 4-43

图 4-44

5. 墙砖铺贴工艺

（1）墙砖铺贴工艺。

① 墙面基层处理：墙面做拉毛处理，贴出的墙砖牢固、不下滑、不变形；在墙面上刷107 胶水，可以延缓水泥的干燥时间，有利于水泥有效凝固，才能确保质量。（见图 4-45）

图 4-45

② 在墙面上弹一条水平线，保证墙砖的横平竖直。（见图 4-46）

图 4-46

③ 沿着水平线，放置一个托板，防止刚贴的墙砖滑落。（见图 4-47）

图 4-47

④ 开贴前要在一板墙上贴四块砖饼，有了这个标志，整板墙的砖才会贴得平整。（见图 4-48）

图 4-48

⑤ 墙砖在贴以前，需要浸水湿润。（见图 4-49）

图 4-49

（2）墙砖铺贴六步走。

第一步：在浸泡好并阴干的墙砖背面满批水泥，需要做到满批饱满。（见图 4-50）

图 4-50

第二步：把满批水泥的砖沿托板贴上墙，用橡皮锤敲打。（见图 4-51）

图 4-51

第三步：敲平后，取下墙砖，观察是否有缺浆的地方，并补满。（见图 4-52）

图 4-52

第四步：把没有饱满的地方填满后，再撒上素水泥（纯水泥），再次贴上墙，贴平，用橡皮锤敲结实。（见图 4-53）

图 4-53

第五步：为防止水泥浆下滑，贴好后，还要用砂浆再次填满。（见图 4-54）

图 4-54

第六步：为了把墙砖（砖缝整齐）贴得平整、规矩，在贴的过程中，用牙签或细铁钉插入砖缝，等到水泥凝固后，再取出来。（见图 4-55）

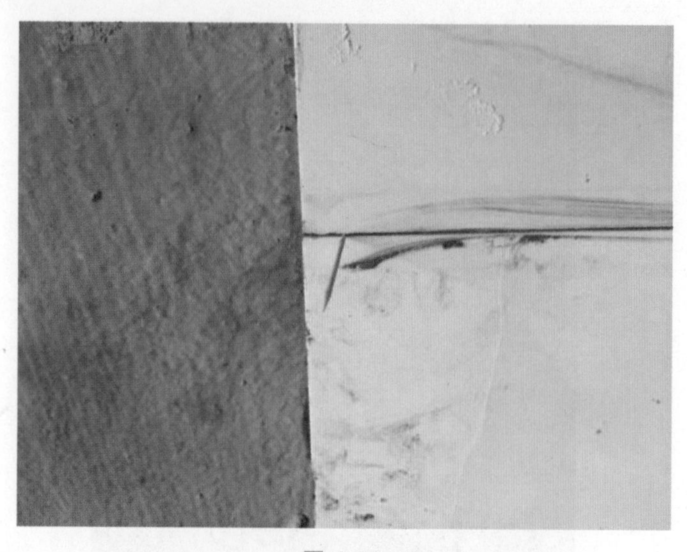

图 4-55

（3）检查墙砖四步走（检查墙砖主要是检查空鼓和平整度）。

第一步：检查墙角是否平整，随便寻找一个具有直角的东西就可以，比如烟盒、整块瓷砖等。尤其要检查将来安装橱柜的墙角，因为不是直角的话，橱柜安装会留下缝隙，影响美观。（见图 4-56）

图 4-56

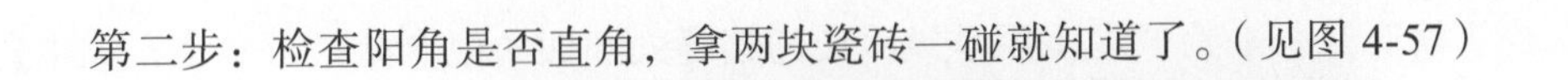

第二步：检查阳角是否直角，拿两块瓷砖一碰就知道了。（见图 4-57）

图 4-57

第三步：检查墙砖是否有空鼓现象，重点敲打瓷砖的边和角，这些部位最容易发生空鼓现象。（见图 4-58）

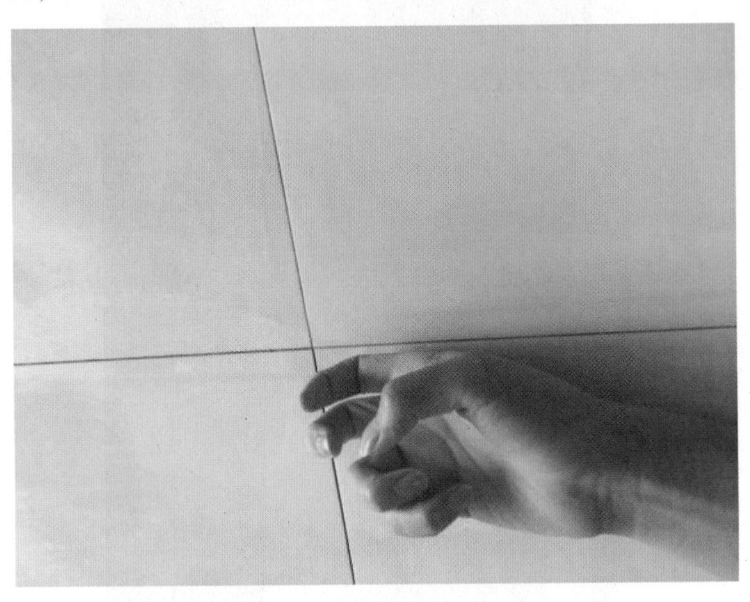

图 4-58

第四步：检查墙砖是否平整，主要用手摸墙砖的接缝处和四角汇合处是否平整，如果瓷砖的四角汇合处是平整的，中间有凹凸现象，可能就是墙砖本身的问题了。（见图 4-59）

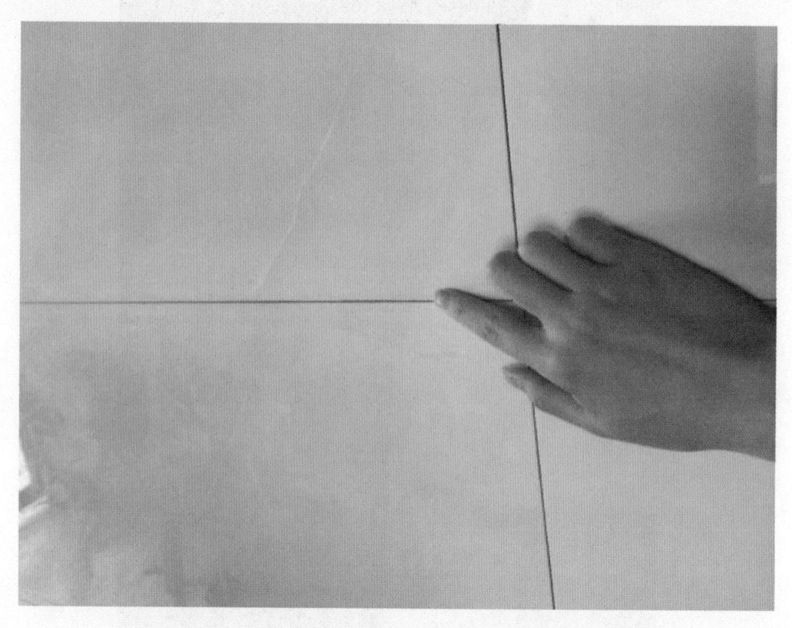

图 4-59

墙体贴砖完毕以后墙体转角处可用专业的封边条进行封边，起到保护和固定的作用。（见图 4-60）

图 4-60

6. **木工施工工艺**

木工进场的第一件事就是要重新做水平线，吊顶、门、门套、衣柜等木工活的方正平整就是依据木工的水平线，水平线一般弹在距离地面 50 cm 的高度，所以也叫五零线，凡是要做吊顶或家具的房间和厨房、卫生间要装扣板的房间都要做，不做水平或不规矩的水平，做出的东西质量肯定是没有保证的。（见图 4-61、4-62）

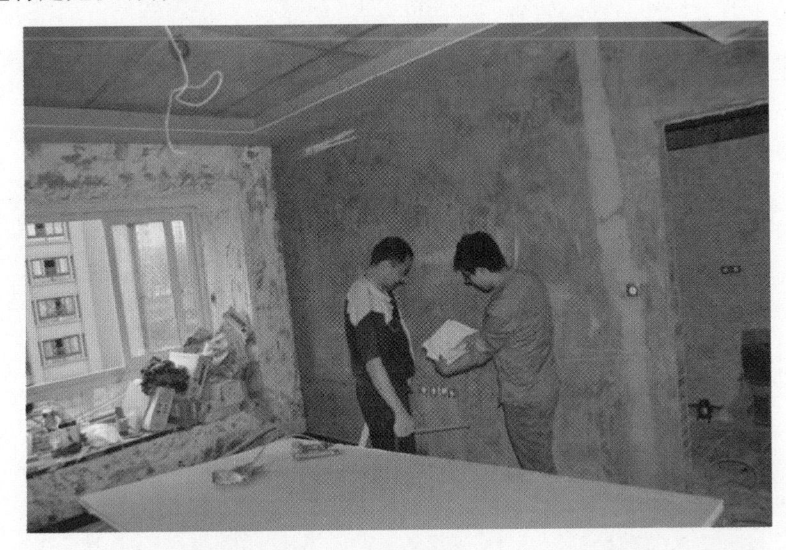

图 4-61

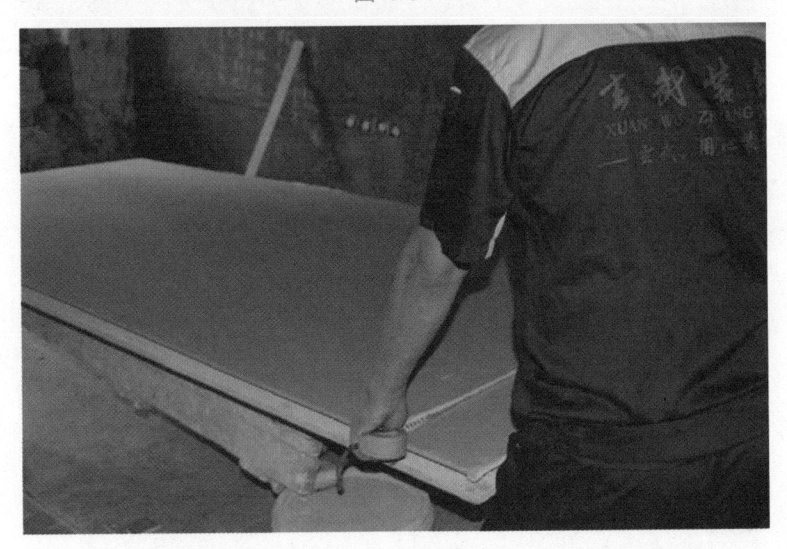

图 4-62

木工施工工艺要求表面光滑，线条顺直，棱角方正，不露钉帽，无刨痕、毛刺、锤印等缺陷，安装位置正确，割角整齐，接缝严密，与墙面贴紧，采用卷尺、目测和手感的方法验收。

下面以做吊顶来展示木工施工的相关工艺知识。

（1）吊顶施工工艺。

吊顶的样式一般有平面吊顶、二级吊顶、异型吊顶等，主要材料一般就是轻钢龙骨或者木龙骨，表面用纸面石膏板或纤维板饰面。

异型吊顶一般就是造型吊顶，有方形、圆形、弧形、椭圆形等形状。（见图 4-63、4-64）

图 4-63

图 4-64

吊顶（竖吊）施工示意图见图 4-65。

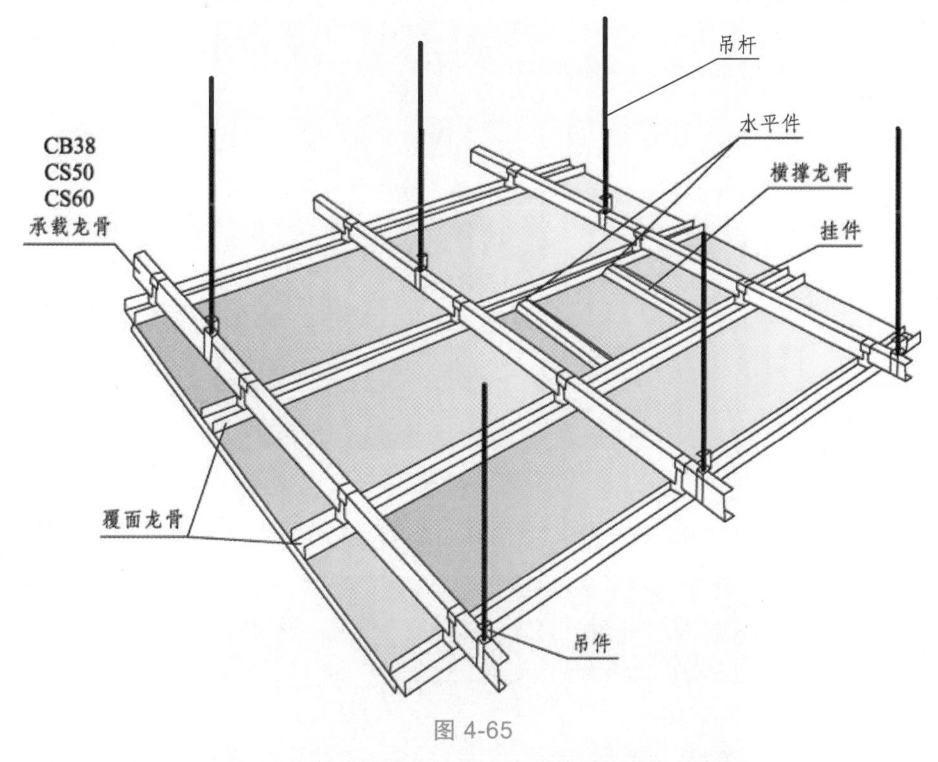

图 4-65

① 主龙骨的间距在 90 ~ 120 cm，大了会影响整个龙骨体系的强度。（见图 4-66）

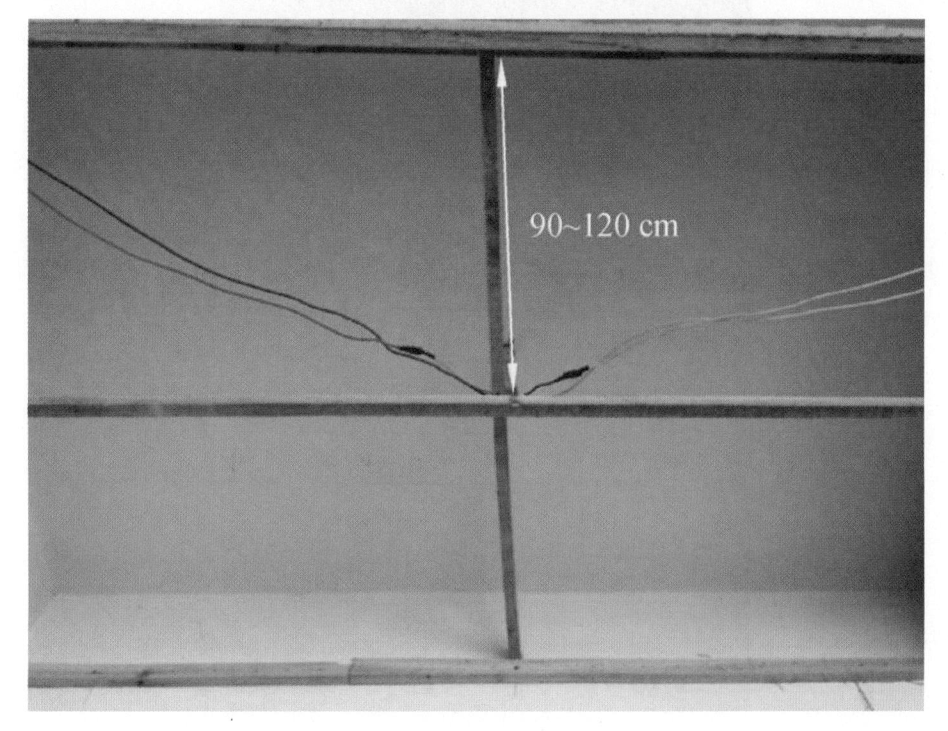

图 4-66

② 靠墙的主龙骨应该距离墙面不能超过 30 cm，以 30 cm 为宜。（见图 4-67）

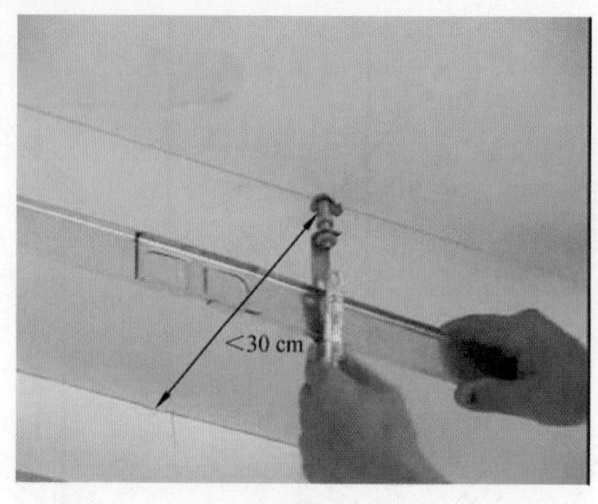

图 4-67

③ 吊挂主龙骨的吊杆的间距不能超过 120 cm。（见图 4-68）

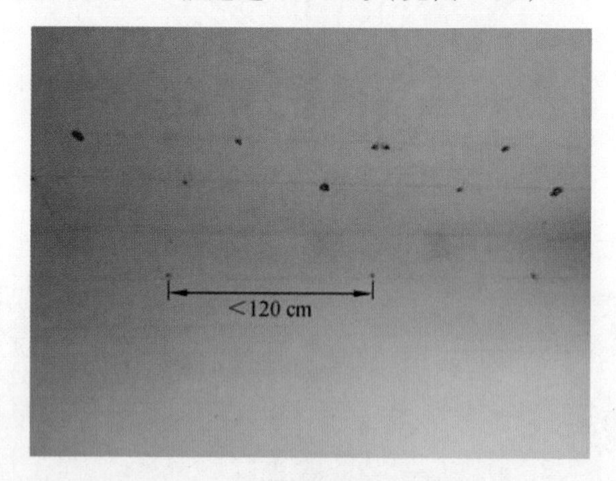

图 4-68

④ 墙固定边龙骨的木楔间距不能超过 40 cm。（见图 4-69）

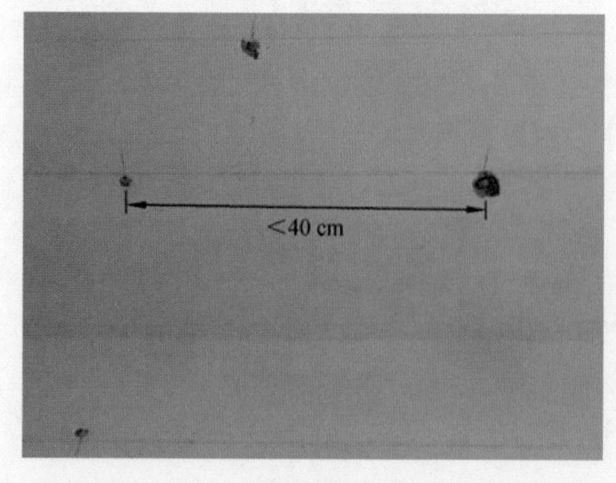

图 4-69

⑤ 吊挂主龙骨的挂件要正、反向安装，以保证稳定性。（见图 4-70、4-71）

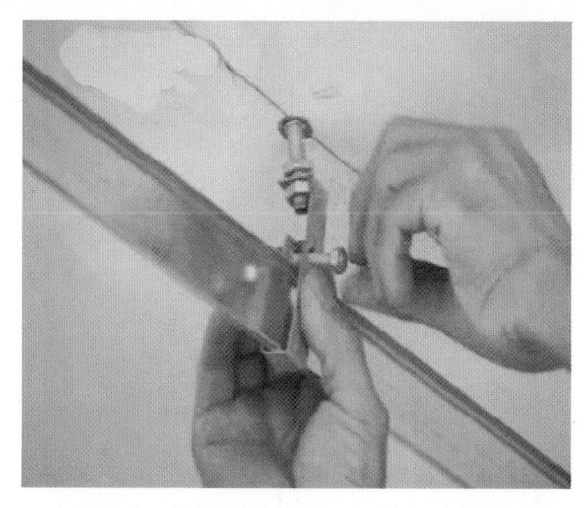

图 4-70

图 4-71

⑥ 龙骨不够长时，要用专用的插接件来连接，而且接头要与相邻接头错开。（见图 4-72）

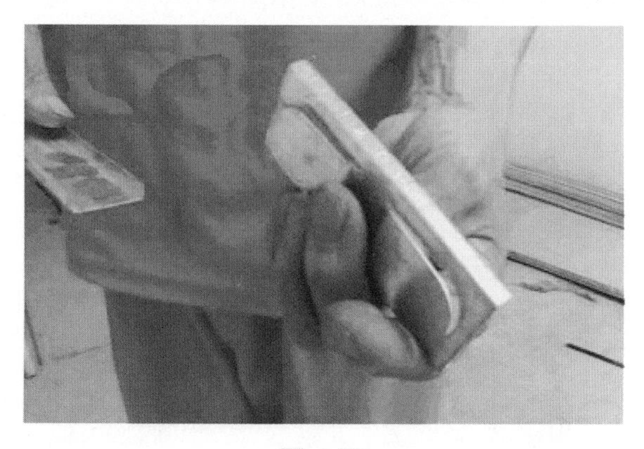

图 4-72

⑦ 主龙骨安装好后，进行拉线调平。（见图 4-73）

图 4-73

⑧ 为解决视觉下坠感，面积大的吊顶中间一般需按房间短跨方向的千分之三至千分之五起拱。（见图 4-74）

图 4-74

⑨ 固定板材的副龙骨间距不大于 60 cm。（见图 4-75）

图 4-75

⑩ 安装石膏板前，事先拉一条水平线，以保证石膏板的高度平整。（见图 4-76）

图 4-76

板材边沿的钉子间距为 15 ~ 17 cm。（见图 4-77）

图 4-77

板材中间的钉子间距不得大于 20 cm。（见图 4-78）

图 4-78

钉子与板材没有切割过的边的距离为 1 ~ 1.5 cm。(见图 4-79)

图 4-79

钉子与板材切割过的边的距离为 1.5 ~ 2 cm。(见图 4-80)

图 4-80

(2) 厨卫吊顶施工工艺 (PVC 扣板)。

① 厨卫吊顶的原则是要从显眼的一边开始铺设，因为如果正好留下一块不够整片的话，就可以隐藏在不起眼的一边。(见图 4-81)

图 4-81

② 如果要在吊顶上开孔的话，孔的周围需作加固处理。（见图 4-82、4-83）

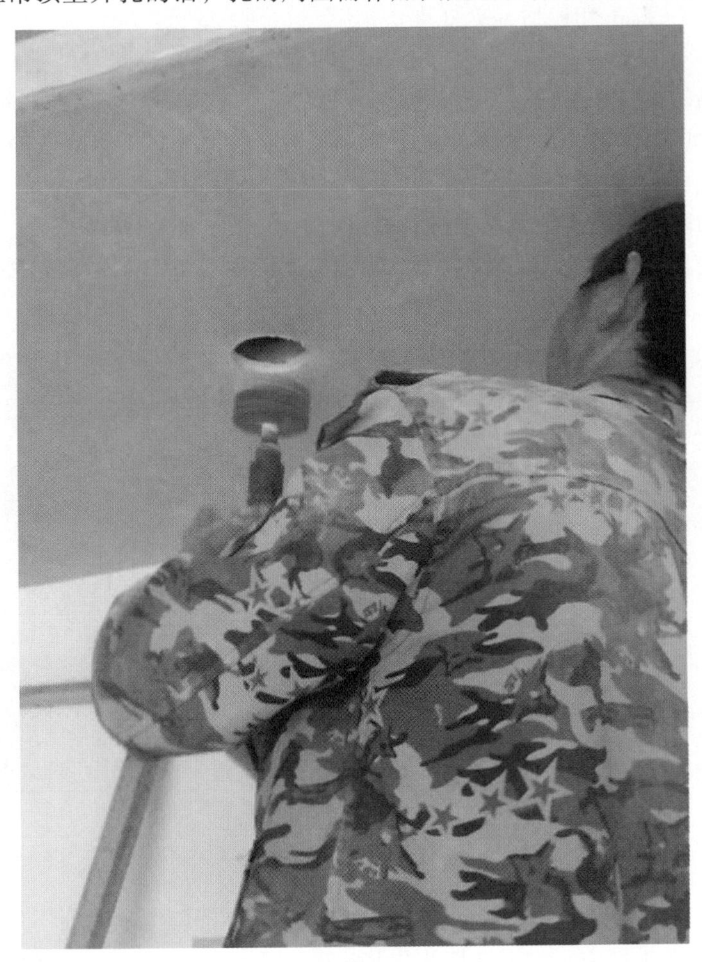

图 4-82

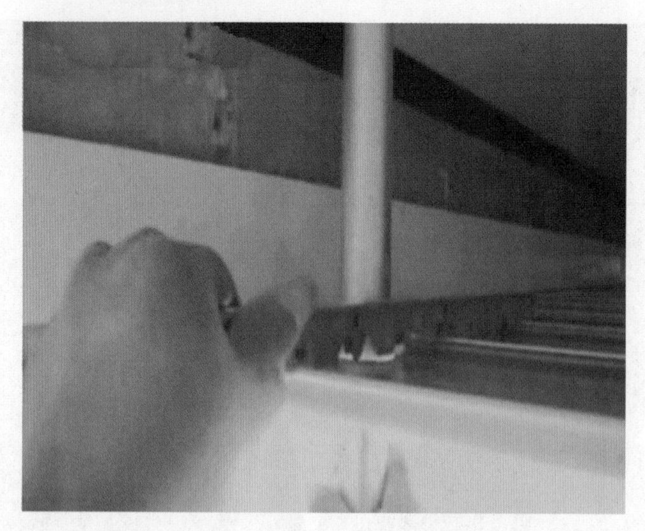

图 4-83

7. 乳胶漆工程施工工艺

乳胶漆工程的主要工作包括补缝处理、刮腻子、刷乳胶漆。

（1）补缝。

① 漆工进场的第一件事情就是对钉帽等金属物作防锈处理，以免刮好腻子后，钉帽生锈导致腻子发黄（如果是老房子的翻新，还必须将原墙面和顶的腻子铲除干净，不得有残留物，再作打磨处理）。

② 用专用的防开裂剂对接缝口槽进行填缝处理。

③ 用乳白胶将牛皮纸或者的确良布粘贴在接缝之上，防止日后热胀冷缩引起的接缝处开裂。（见图 4-84）

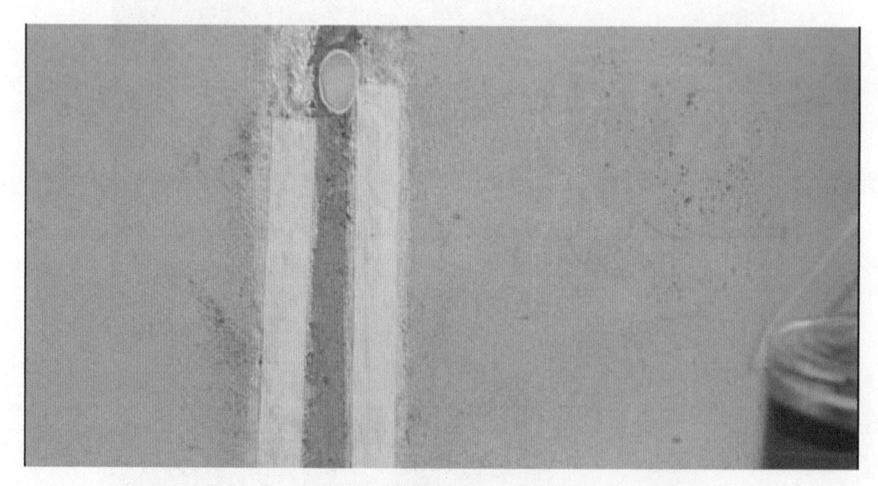

图 4-84

（2）刮腻子（刮腻子一般是三遍）。

① 第一遍是基层找平处理，尤其是阴阳角的找平，要把墙角和墙面不规整的地方经过加厚腻子的方式让墙角垂直方正，或让墙面更加平整，为后面的施工创造条件。

阴角找平，见图 4-85。

图 4-85

阳角找平，见图 4-86。

图 4-86

② 第二遍是满批，在第一遍基本找平的基础上，整个墙面一点不漏地全部刮到。（见图4-87）

图 4-87

③ 第三遍是表面处理，要求整个墙面必须是平整的，不得有空鼓、起皮等现象。（见图4-88）

图 4-88

（3）刷乳胶漆。

乳胶漆的做法有：滚涂 （经济实惠）、喷涂（表面更加平整）、印花（提高档次，适合小面积施工），下面以常见的滚涂作法（一般需要一底两面，共三遍）来介绍刷乳胶漆的工艺。

① 腻子表面进行打磨处理，打磨分为粗打磨和灯光打磨两个步骤，打磨的作用体现在使墙面更加平整和增加墙面乳胶漆附着力的作用。（见图 4-89）

图 4-89

② 打磨完成后用滚筒把调好的乳胶漆按照先底漆后面漆的先后顺序（前一遍干透后再进行下一遍的涂刷）滚涂在墙面上（如果使用不同色彩的乳胶漆，事先要用分色纸对不同色彩区域进行分割）。（见图 4-90）

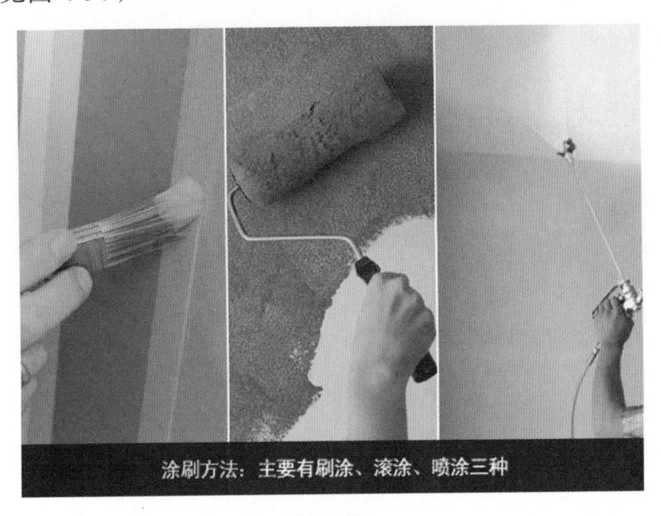

图 4-90

③ 胶漆的施工效果要达到表面平整光滑，无流坠、无污染、色泽一致、分界线清晰明快、顺直流畅。（见图 4-91、4-92）

图 4-91

图 4-92

【TIM 的工作笔记】

家装工程施工小常识

- 地漏宜用防臭地漏
- 冷热水管左热右冷
- 马桶安装不能用水泥，要用硅胶
- 卫生间管道最好留检修孔
- 强电弱电不能穿在同一根管子里
- 插座多多益善
- PVC 电线管内电线截面面积不得超过电线管截面面积的 40%
- 卧室的空调不要对着床
- 空调洞要考虑向外倾斜，否则雨水会进来
- 灯尽量考虑双控
- 水泥超过出厂期三个月不能用
- 不同品种、标号的水泥不能混用
- 墙地砖宁可多买几片，不要少买，否则容易出现色差
- 一面墙上不能有两排非整砖
- 花色面板进场应先刷一遍清漆，防止被弄脏
- 中、深色乳胶漆施工时尽量不要掺水，否则容易出现色差

- 亮光、丝光的乳胶漆要一次完成，补的容易出现色差
- 防水施工宜采用涂膜防水

4.1.5　成品保护

1. 现有成品保护

（1）单位入户大门及门套（不管业主是否更换），必须用公司专用珍珠棉加以保护，用包装胶带粘好。（见图 4-93）

图 4-93　门和地面的成品保护

（2）在施工过程中，对阳台推拉门轨道等用板盒加以保护。

（3）对施工现场原有的对讲机等物品经业主同意拆下来保管，如业主不要求拆走要对其对讲机等进行检查是否完好并加以保护。

2. 新制成品的保护

（1）大理石抛光砖的保护。

① 先把铺好的大理石地面清扫干净，不允许留有沙粒；

② 在大理石地面铺好一层珍珠棉并粘好，防止滑动；

③ 在珍珠棉上铺一层三厘板或硬纸板。

（2）台面饰面板必须用珍珠棉保护，不许放杂物。

（3）柜内不许放工具及其他杂物。

（4）对于家私转角处饰面板碰角的地方必须用板条加以保护。

（5）家私油漆施工时，五金配件必须用美纹纸加以保护。

（6）洁具安装好以后所有员工严禁使用，并用珍珠棉加以保护。

（7）木地板铺好后，必须先清洁干净（允许地面上有沙粒）。然后铺一层塑料膜粘贴好，最后在上面铺硬纸皮。施工用的梯子、板凳等须将与地面接触部位包扎好（如凳脚位），再进行施工。若木地板铺好后不再进行施工的，必须先清洁干净。

（8）安装好的门锁要用珍珠棉保护好。

（9）油漆竣工后的所有家私漆面必须贴好珍珠棉。（见图 4-94）

（10）切割钢材、焊接作业时，对周围的玻璃、镜子、瓷片、大理石等，须作隔离处理，并须做好防火工作。

图 4-94　家私漆面的成品保护

4.2　装饰施工法律法规实务

在项目进行的过程中，我们常被一些突发事件所困扰，比如不合法装修施工行为带来的纠纷；当事人对装饰风格的不同理解带来的纠纷；装饰施工质量问题引起的纠纷等。面对这些纠纷，我们当然是第一时间积极地面对，并与对方友好协商解决。但在经当事人双方调解无效的情况下，我们则需要通过法律途径来维护自己的正当权益。在这个板块，我们将常见的装饰项目纠纷案例整理出来，以便大家在今后的工作中按图索骥。

【情景描述】

同为实习生的小昭打来电话向 TIM 倒苦水，小昭负责的那位业主性格强势，他要求小昭变更已送审的施工图，将厨房和卫生间对调位置。随后，小昭按业主的要求进行了设计变更，到工程进行了一半时，他们被楼下的业主举报了，物管出面出具了停工整改通知。哪知小昭的业主对此并不买单，他觉得是因为装饰公司之前并没有给出合理的建议和劝阻，这才导致了错误施工的事实，所以整改回填的费用应该由小昭的公司承担，纠纷就此开始……

4.2.1　建筑装饰装修施工常见法律纠纷

1. 常见的不规范装饰装修施工行为

（1）墙梁装修不规范行为。

墙梁在实际建筑结构中具有重要作用，但很多住户在装修过程中往往不懂得房屋结构，对墙体随意破坏。比如：装修新房时，将客厅或卧室通阳台的墙体拆除，以扩大室内的使用面积；旧房改造时将原有内墙拆除，使小房变为大房。更有甚者，为追求一时经济利益将临街底层住宅改建成商店时，把原外墙上门窗洞口墙体部分或全部拆除等。对墙体的无端破坏不但会对房屋的整体结构、美观造成损害，还会给房屋的安全带来严重威胁。

（2）房屋特定功能区域装修不规范行为。

房屋功能不同，设计、施工要求也不尽相同。比如，厨房、卫生间因功能不同，防水层装修要求也不尽相同。房屋装修时一旦破坏了防水层，或存在水管排水不畅，不仅会出现渗水，影响下层住户使用，时间长了还会造成墙体潮湿，降低墙体的强度和韧性，削弱了住宅的抗震能力。另外，房屋的各种管道安装都是按照一定坡度而施工的，采暖、煤气管道需经过分布、总体二次打压，电气线路则关系到用电安全问题。若任意改动，轻则造成跑、冒、滴、漏，严重的会造成公用设施的破坏及煤气爆炸等后果，危及住宅和人身安全。

（3）楼地面装修不规范行为。

在施工时堆放的材料荷载，增加了楼板面的荷载，使楼板极易产生裂缝。另外，装修时随意在楼面打射钉以及下层住户打洞吊顶会严重影响楼面的整体结构，降低楼面的承载能力。在受较大荷载或发生震动时，极易发生应力集中，产生楼面裂缝，甚至有造成楼地面坍塌的危险。同时，阳台的负荷也有一定的数值，如果在阳台上额外增加荷载，会使支撑阳台荷重的悬梁根部因受力超荷而造成断裂，严重的会导致阳台坠落。

为规范建筑装饰装修市场，保障业主权益，国家出台了一系列法律、法规、规章，加强对装修、装饰工程的安全生产监督管理，提高装修业生产安全水平。目前，我国建筑装饰装修法律体系主要包括《建筑法》、《安全生产法》、《建设工程质量管理条例》、《建设工程安全生产管理条例》、《建筑工程施工许可管理办法》、《住宅室内装饰装修管理办法》等。2001 年 10 月 27 日，第九届全国人民代表大会常务委员会第二十四次会议决定：批准于 1988 年 6 月 20 日经第 75 届国际劳工大会通过、并于 1991 年 1 月 11 日生效的《建筑业安全卫生公约》（暂不适用于中华人民共和国香港特别行政区），成为国际上实施《建筑业安全卫生公约》的第 15 个国家，实现了建筑装修业安全生产工作与国际标准的接轨。但有法可依仅仅是实现安全生产的前提条件，在实际工作中要加以落实还必须要求生产经营单位及其从业人员严格遵守各项安全生产规章制度，做到有法必依，同时要求各级安全生产监督管理部门执法必严、违法必究。

2. 建筑装饰装修施工申报

由于现实中，存在上述建筑装饰装修施工不规范和违法行为，因此国家实行建筑装饰装修施工申报法律制度。

装修人在装修施工开始之前，应根据装饰装修工程的种类，向相关部门申报登记。非业主的住宅使用人对住宅室内进行装饰装修，应当取得业主的书面同意。装修人，或者装修人和装饰装修企业，应当与物业管理单位签订住宅室内装饰装修管理服务协议，以便于物业单位对装修活动进行有效监督与管理。住宅室内装饰装修管理服务协议应当包括下列内容：① 装饰装修工程的实施内容；② 装饰装修工程的实施期限；③ 允许施工的时间；④ 废弃物的清运与处置；⑤ 住宅外立面设施及防盗窗的安装要求；⑥ 禁止行为和注意事项；⑦ 管理服务费用；⑧ 违约责任；⑨ 其他需要约定的事项。物业管理单位按照住宅室内装饰装修管理服务协议实施管理。

关于建筑装饰装修施工过程中物业管理的具体问题，我们来看下面的案例：

张某 2013 年 7 月购买了一套复式住宅商品房。交房后，张某认为该商品房的厨房和客厅的位置不尽如人意，于是在未向任何部门申报登记的情况下，将厨房和餐厅位置互换，为此还将楼梯旁的墙体敲掉。2013 年 10 月，物业公司发来了通知，说张某敲掉了房屋的承重墙，又改变了房屋的结构，要对张某罚款 10 万元。请问：张某的装修是否违法？物业公司是否有权对张某罚款？

本案主要涉及以下四个问题：（1）房屋装修手续问题；（2）房屋墙体变动问题；（3）房屋结构布局变动问题；（4）物业公司处罚权问题。

（1）房屋装修手续问题。

在我国，从事各类房屋建筑及其附属设施的建造、装修装饰和与其配套的线路、管道、设备的安装，以及城镇市政基础设施工程的施工，建设单位在开工前应当向工程所在地的县级以上人民政府建设行政主管部门申请领取施工许可证。但工程投资额在 30 万元以下或者建筑面积在 300 平方米以下的建筑工程，可以不申请办理施工许可证。省级人民政府建设行政主管部门可以根据当地的实际情况，对上述限额进行调整，并报国务院建设行政主管部门备案。对于按照国务院规定的权限和程序批准开工报告的建筑工程，不再领取施工许可证。

对于不需要申请办理施工许可证的建筑装修，装修人在装饰装修工程开工前，应当向物业管理企业或者房屋管理机构（以下简称物业管理单位）申报登记。物业管理单位应当将住宅室内装饰装修工程的禁止行为和注意事项告知装修人和装修人委托的装饰装修企业。对于住宅装修，业主或住宅使用人未申报登记擅自进行住宅室内装饰装修活动的，应由城市房地产行政主管部门责令改正，并处 500 元以上 1 000 以下的罚款。因此，本案中张某在房屋装修前，应向小区物业管理公司或者房地产局申报登记，否则将会面临一定的处罚。

（2）房屋墙体变动问题。

在建筑学上房屋墙体的种类有很多，但法律关注的一般限于承重墙和非承重墙，而在非承重墙中又有室内分割墙和外墙立面的区分。拆除承重墙会改变楼房的承力设计，使楼房的受力能力减弱，严重影响楼房的安全，因此未经原设计单位或者具有相应资质等级的设计单位提出设计方案，不得自行拆除承重墙；而非承重墙如果仅属于室内的分割墙可以拆除，但如果属于外墙立面，由于影响到整个楼房的外表美观，在没有经过城市规划行政主管部门批准的情况下，不得擅自改变住宅外立面，在非承重外墙上开门、窗。随意拆除、改造墙体将承担相应的法律责任。本案中，由于张某敲掉的楼梯旁边的墙体属于承重墙，因而其行为不仅违反了建设部的规章规定，要承担法律责任，而且对其自有住房安全和整个楼房安全产生影响，因此张某应尽快将该墙恢复原状，以保障楼房使用的安全。

（3）房屋结构布局变动问题。

房屋的结构和用途，在房屋建造的时候，就已经由设计单位和开发商统一确定。在房屋原始设计和施工过程中，厨房防水层比餐厅的防水层要特殊，厨房间的煤气管道、供输水管道、烟囱等都是同一布局的。因此，本案中张某把厨房和餐厅进行互换，不但会涉及防水层和管道的移位，而且还可能对其他业主的正常使用产生妨害，如漏水、管道堵塞等。

《住宅室内装饰装修管理办法》禁止将没有防水要求的房间或者阳台改为卫生间、厨房间；未经燃气管理单位批准不得拆改燃气管道和设施。将没有防水要求的房间或者阳台改为卫生间、厨房间的，或者拆除连接阳台的砖、混凝土墙体的，城市房地产行政主管部门责令改正，并对装修人处5百元以上1千元以下的罚款，对装饰装修企业处1千元以上1万元以下的罚款。擅自拆改供暖、燃气管道和设施的，对装修人处5百元以上1千元以下的罚款。因此，张某将餐厅和厨房互换，违反了建设部规章的禁止性规定。张某应该将餐厅和厨房恢复原状。

（4）物业公司处罚权问题。

作为一种行政处罚措施，罚款应当由法律规定的部门或有权部门授权的机构来实施，物业管理公司不是国家机关，而是接受业主或者业主委员会的委托，根据物业管理服务合同进行专业管理服务的企业，它的行业主管部门是各省市的房地产管理局，其本身并没有行政处罚权。如果业主违法装修，应由城市房地产行政主管部门责令改正，并处罚款。因此，对于违法装修行为有权实施罚款处罚措施的是城市房地产行政主管部门，而不是物业管理公司。因此，业主在装修房屋时，在充分体现个人风格的同时，还要考虑到其他业主的利益，既要使生活空间变得更加舒适，更要让生活环境变得更加安全。

【案例分析】

李明等业主于2010年10月购买了北京大成房地产开发集团有限公司建设的“心心相印”项目1号楼房屋，并于2011年1月于长安新城物业管理公司签订了《物业管理服务合同》。2011年7月，李明等业主在未经任何有关单位批准的情况下，擅自封闭自家阳台。“长安新城”物业管理公司认为李明等业主违反了双方签订的《物业管理服务合同》、《长安新城业主公约》的相关约定，妨碍了公司对小区的正常管理，也使公司无法全面履行与大成开发公司签订的委托管理合同的义务。在李明等业主协商及劝阻无效的情况下，“长安新城”物业管理公司向法院提起诉讼，要求李明等业主拆除已封闭阳台，恢复原状。

在此案中法院认为，大成开发公司与李明等业主签订《商品房买卖合同》时没有明确房屋的南、北阳台是否为封闭阳台，在该合同中“长安新城装修及设备标准”里，“封闭阳台：白色塑钢窗”，使业主在买房时认为阳台都是封闭的，影响了业主在购买房屋缔结合同时选择权的行使，这是1号楼业主与物业管理公司发生纠纷的主要原因。

该合同是大成开发公司预先拟订、在订立合同时未与对方协商的格式合同，对其中的条款有争议的，应作出不利于提供格式条款一方的解释。另大成开发公司制定的《大成南里小区长安新城映日园、冬趣园、秋影园房屋使用、管理、维修公约》中关于业主对房屋的使用的具体规定，审批前没有与业主协商或通告，对被告没有约束力。因此，驳回了“长安新城”物业管理公司的诉讼请求。

4.2.2 装饰装修施工合同法律实务

合同法是生活和工作中最实用的法律，因此必须掌握。

1. 订立装饰装修合同应注意的问题

一般而言，订立家居装修合同时要注意以下问题：

（1）查验装修合同当事人的身份。装修合同中发包方的装修房应属合法居住用房，亦即产权房或租赁房；合同承包方应是经工商行政管理部门核准登记的，并经建设主管部门审定具有装饰施工资质的企业法人。另外，装修合同中应当写明装修施工地点及面积。

（2）写明居室装修施工内容及承包方式。居室装修的施工内容及要求是家居装修合同的主要内容之一，若该方面的条款过于笼统，就往往容易引发施工纠纷。因此，施工内容应当具体、明确，按照居室装修部位分别写清装修内容、使用的材料、具体施工要求及承包方式。

（3）写明工价、付款方式和工期。无论采用何种承包方式，合同中的工价价款都应写清楚，不能含糊。合同中的总价款包括材料费、人工费、管理费、设计费、垃圾清运费、其他费用及税金。税金由业主承担，这是装修业特殊要求。工程价款付款方式及期限应当在合同中约定清楚，以免发生纠纷。开工、竣工日期是合同必不可少的内容之一，往往涉及违约责任的认定，因而在合同中应当写明，并严格遵守。

（4）详细写明有关材料供应的约定内容。材料供应的约定是涉及家居装修质量和工程款项的重要问题。因此，无论是包工包料还是包工不包料都应在合同附件的材料清单上详细写明材料的名称、品牌、规格、型号、质量等级、单位、数量、单价。在供料单上其应明确写明材料送达的时间和地点。

（5）质量竣工验收标准应依法定标准。合同中的质量和竣工验收标准条款必须符合政府有关主管部门相关规定允许的范围。需要注意的是，由于家居装修要满足多层次的不同需求，同一房型往往有着不同档次的装修，因而不可能也不应当将不同层次的装修适用同一标准。

（6）应当明确违约责任、纠纷处理方式。合同的违约责任与合同双方的义务和责任相对立。合同订立后，双方应该严格履行合同约定的义务，否则就要承担相应的违约责任。对于纠纷的处理方式，可以约定向当地建筑装饰协会请求调解，或者向当地建设主管部门或者消协投诉。若协商调解不成，可以约定申请仲裁，或向法院起诉。

2. 装饰装修合同诉讼中应注意的问题

对于大中型建设项目的装饰装修，我国法律、法规已明文规定了相应的施工方的资质和施工程序；而对于普通的家居装修，存在的问题则较为普遍。在家居装修合同纠纷中，家庭装修质量问题最为集中，其次是价格问题，往往是消费者在装修中，对于增减项目只有口头约定，在付款时产生纠纷。在家居装修合同诉讼中，业主应注意以下问题：

（1）裁判标准需第三方协助鉴定。

由于国家在家庭装修方面没有制定相应的标准，所以消费者一旦将装饰公司告上法庭，法院就需要请第三方来进行评估、鉴定。法院一般都会找有资质的单位或部门来承担这项工作。此外，法院所请的第三方，往往要经原告、被告两方面认可。

（2）技术服务机构证明不能作为法庭证据。

现在有的消费者为了保障家庭装修的施工质量，请家庭装饰技术服务机构来替自己把关。实际上，这些服务机构已经起到了家庭装修施工监理的作用。但这些技术服务机构出具的证明和报告，在法庭上是不能作为证据的。因为消费者和服务机构之间是雇佣关系。根据有关法律，这些证明和报告不具有作为证据的公正性。在起诉装饰公司时，没有雇佣关系的技术服务机构出具的证明和报告是支持业主起诉的有力佐证。

（3）装修诉讼不存在双倍赔付。

有些消费者在起诉装饰公司时，认为装饰公司使用假冒伪劣材料属于有意的欺诈行为，会根据《消费者权益保护法》要求双倍赔付。但法院认为这类诉讼不适用于《消费者权益保护法》，一般都按照《民法通则》中的承揽纠纷进行处理，所以不存在双倍赔付的问题。

【情景描述】

这天，TIM 正在施工现场巡视施工进度，卧室的玻璃突然爆裂，飞溅的玻璃砸到了楼下路人的脑袋上。不过好在王家的楼层不高，索性又是钢化玻璃，路人只伤了点表皮并无大碍。TIM 他们赶紧跑下去赔礼道歉，鉴于他们的态度相当诚恳，伤者并没有继续追究责任。

虽然如此，TIM 每每想起这件事，仍然心有余悸。他很想知道，如果今后再发生此类事故，法律上会如何界定，应该由谁来承担主要责任？

3. 家居装修合同中有关主体的责任分担

下面，我们通过家居装修过程中的一个案例，来剖析装修过程中的一系列法律问题及各主体间的法律关系。

2010年11月，陈某承揽装修业主王某房屋之二楼室内的泥水装修工程，其后，陈某将其中铺贴瓷砖的装修业务交给徐某做，徐某则雇佣山某等人对房屋进行泥水装修。2010年11月8日，山某在铺盖地砖进行放线时，因拉线扯钉致钉子反弹伤到其左眼。后经医院诊治出院，定为十级伤残。山某认为：王某与陈某之间存在建筑装修工程意义上发包与承包的法律关系，陈某作为实际装修施工人，没有建筑主管部门颁发的相应资质。依据最高人民法院《关于审理人身损害赔偿案件适用法律若干问题的解释》（以下简称《人身损害赔偿解释》）第11条第2款之规定："雇员在从事雇佣活动中因安全生产事故遭受人身损害，发包人、分包人知道或者应当知道接受发包或者分包业务的雇主没有相应资质或者安全生产条件的，应当与雇主承担连带赔偿责任。"遂于2010年12月就赔偿事宜将徐某、陈某、王某列为共同被告向人民法院起诉，要求对其伤害承担责任。

本案主要涉及以下四个方面的问题：1）普通家居装修合同性质的确定；2）家居装修单位的资质问题；3）安全生产事故的确定；4）山某与徐某、陈某、王某关系之认定。

（1）普通家居装修合同性质的确定。

从广义上讲，普通家居装修承包与建筑装修工程承包类似，二者均为一方将一定的业务交由另一方完成，并为完成的工作成果支付报酬。但由于建筑装修工程涉及面广，施工较为庞杂，法律、法规对建筑工程承包合同主体资质、项目的报批及合同的履行程序等都做了严格和细致的规定。从普通家居装修承包合同的性质和内容来看，家居装修更符合"加工承揽合同"的法律特征。所谓加工承揽合同，是指承揽人按照定作人的要求完成工作，交付工作成果，定作人给付报酬的合同。承揽合同包括加工、定作、修理、复制、测试、检验等工作。本案中，王某作为定作人将其场所内二楼的地面及墙面瓷砖铺贴工作委托给陈某从事，该工作具有一定的技术性，不同于单纯提供劳务，也不同于规范性的建筑装修工程施工活动，其工作的实质是一项提供工作成果的加工承揽活动，而非建设工程发包与承包关系。

（2）家居装修单位的资质问题。

由于建筑装修工程与普通家居装修技术要求不同，法律、法规对二者施工单位的资质要求也是不同的。一般而言，下列装修施工应委托具有相应资质的装饰装修企业承担：

① 装修人经原设计单位或者具有相应资质等级的设计单位提出设计方案变动建筑主体和承重结构的。

② 装修人在住宅室内装饰装修过程中涉及下列行为的：

a. 搭建建筑物、构筑物；

b. 改变住宅外立面，在非承重外墙上开门、窗；

c. 拆改供暖管道和设施；

d. 拆改燃气管道和设施。

③ 住宅室内装饰装修超过设计标准或者规范增加楼面荷载的。

④ 改动卫生间、厨房间防水层的。

除上述四种情形外，装修人的装修活动"不必须"委托具有相应资质的装饰装修企业。本案中，王某的二楼地面及墙面瓷砖铺贴工作仅仅是一项简易装饰装修活动，相关法规并未强制要求委托有资质的装饰装修企业，故王某的行为与法并不相悖。王某在该活动中依法无需审查装修承揽人的资质，对陈某没有装修资质无需承担法律上的不利后果。

（3）安全生产事故的确定。

所谓“安全生产”，是指在生产劳动过程中，努力改善劳动条件，克服不安全因素，防止人身事故和机械事故的发生，使生产活动在保证劳动者人身安全和物质财产不受损失的前提下进行。不同的行业对安全生产有不同的具体要求，不同的作业也有不同的防护措施。根据我国《安全生产法》的规定，安全生产的基本要求可总结为：

① 企业必须按照国家的法令和规定进行建设，并取得有关部门颁发的生产许可证；

② 在资金允许的前提下，尽量采用先进技术，实现机械化和自动化生产，对危险岗位实行无人操作或远距离控制；

③ 选择符合安全要求的生产设备；

④ 创造良好的作业环境；

⑤ 有严密的管理制度、切实可行的岗位责任制和安全操作规程；

⑥ 工人上岗前必须经过良好的教育和培训。

从上述规定可以看出，安全生产事故多指企业在从事生产经营活动导致的意外人身伤亡，且该意外情形之发生往往与企业的生产经营不符合上述安全生产条件有关。一般意义上的个体经营活动，比如搬运、装卸、加工简易设备、普通家居装修等非工业化的生产活动中发生之意外事件与法定之安全生产事故性质有别，二者不能简单类同。本案中，家居室内泥水装修工程，一不需要复杂的机械化设备，二不需要特别的防护措施，三不产生任何生产的危险性，发生事故难以归责为不具备安全生产条件。

（4）山某与徐某、陈某、王某关系之认定。

原告山某系被告徐雇佣的工人，且原告是在从事雇佣工作中受到伤害，因此徐某作为雇主应当对原告的损失承担全部赔偿责任；被告陈某作为该装修工程的承揽人，对其承揽的工作及现场负有直接的管理义务，其对徐某及徐某雇用的工作亦负有管理义务，但由于其疏于管理导致原告在从事装修活动过程中遭受人身损害，对此作为承揽人对原告的人身损害亦负有责任，故其对徐某的赔偿责任应负连带责任。

王某与陈某签订的家居装修合同为承揽合同，王某与陈某之间的关系是定作人与承揽人之间的关系。关于陈某承揽过程中，对第三人造成损害或者造成自身损害的，定作人不承担赔偿责任。但定作人对定作、指示或者选任有过失的，应当承担相应的赔偿责任。本案中，王某并不具备“定作、指示、选任”的过失，因此无需对承揽人及其雇佣工人的自身损害承担连带赔偿责任。

实践中，业主在居室装修过程中选择个体装修从业者主要面临以下风险：

① 个体从业者人员不固定，流动性强，施工质量和保修等难以保证；

② 业主与个体从业者之间是否能够被依法认定为加工承揽关系，不同的法院不同的法官会有不同的认识，或者会被视为雇佣关系对雇工伤害承担全部赔偿责任，或者视为发包承包关系因承包人无资质而承担连带责任；

③ 个体从业者人员多为老乡组织，承揽人与雇工存在利益关系，在争议产生后在实质上往往结成利益共同体以对抗业主之抗辩，在事实认定上陷业主于不利情形；

④ 个体从业者一旦承揽业主之工作，则多是由其自行招揽雇佣雇工，业主只知受委托承揽人之存在，对其雇佣之人员活动及来去多毫无所知，听凭其处事；在此情形下，一旦发生事故，业主很难确信事故人是否就是在承揽过程中受伤的，很容易因此陷入一个法律和事实认定的难题，最终承担不利之后果。

因此，业主在选择个体从业者时，不仅应对其提供之务工证明、本人身份证、从业上岗证等进行审查，还应当对其雇佣之员工之工作及雇聘有一定掌握，最好对其雇佣之人员之相关证件进行确认。一旦进入装修施工，切莫放任不理，需得有一定的监督和管理，将不可测之风险降到最低。同时，施工企业也要了解业主可能面临的风险，同时预防自己可能遇到的法律风险。通过以下实训任务，希望帮助读者进一步学会运用法律保护自己和公司的合法权益。

【岗前实训】

1. 一天，在装修过程中，张三家卧室的玻璃突然爆裂，砸伤了路人甲。请以路人甲的身份写起诉状。

2. 小芳在装修合同中注明“田园风格”，但对实际装修效果不满，但装修公司表示这就是“田园风格”。请问对装修风格的理解有疑义时，该如何避免与解决此类纠纷？另外，小芳发现所谓的装修公司是个假公司，没有公司注册，这种情况该如何向法院起诉？

3. 装修施工过程中，噪声、尘土影响了我的休息，我该如何维护自己的合法权益？

4. 某装修施工现场发生安全事故，导致工人小王受重伤。装修公司以“20 万”与小王达成私了协议。现在小王还需要大量后续医疗费，问小王是否可以主张私了协议无效？

5. 按照业主要求，施工方准备封阳台，但物管说，业主签了物管合同，合同上明确说明：“为了小区立面美观、整齐，业主不得封闭阳台”，物管有权阻止业主封阳台？

6. 在装饰工程中，也会遇到口头合同。例如：甲施工企业与乙建材企业达成口头协议，由乙企业在半年之内供应甲企业 50 吨钢材。三个月后，乙企业以原定钢材价格过低为由要求加价，并提出如果甲企业同意，双方立即签订书面合同，否则乙企业将不能按期供货。甲企业表示反对，并声称如乙企业到期不履行协议，将向法院起诉。

请查阅相关资料后判断谁将胜诉？装饰工程中，口头合同有效吗？

7. TIM 在喝醉了的情况下签订的施工合同是否具有法律效力？

8. 当事人对装饰工程造价有争议时的法律解决方式有哪些？实际工程中，这些解决方式各有哪些利弊？请制作 PPT，向“领导”做汇报（时间控制在 10 分钟内）。

9. 某监理工程师工作极不负责，并收取施工方红包上万元，导致工程质量不合格，使业主方损失近百万元。监理公司认为，监理工程师的行为属于个人行为，监理公司不负法律责任。你觉得监理工程师的行为是个人行为还是职务行为？

【岗前实训参考答案】

1. 原告：名称：____________地址：__________________________电话：______

法定代表人：姓名：________________________________职务：______

委托代理人：姓名：________________ 性别：________年龄：______

民族：________职务：________工作单位：________________

住址：__________________________________ 电话：______

被告：名称：____________地址：__________________________电话：______

法定代表人：姓名：________________________________职务：______

委托代理人：姓名：＿＿＿＿＿＿＿＿＿性别：＿＿＿＿＿＿年龄：＿＿＿＿

民族：＿＿＿＿＿职务：＿＿＿＿工作单位：＿＿＿＿＿＿＿＿＿

住址：＿＿＿＿＿＿＿＿＿＿＿＿＿＿＿＿＿＿＿＿电话：＿＿＿＿

诉讼请求＿＿＿＿＿＿＿＿＿＿＿＿＿＿＿＿＿＿＿＿＿＿＿＿＿＿＿＿＿＿＿＿＿＿＿＿

＿＿＿

事实与理由＿＿＿＿＿＿＿＿＿＿＿＿＿＿＿＿＿＿＿＿＿＿＿＿＿＿＿＿＿＿＿＿＿＿＿

＿＿＿

证据和证据来源、证人姓名和住址

此致

＿＿＿＿人民法院

具状人（姓名）

年　月　日

附：合同副本＿＿＿＿＿份。

本诉状副本＿＿＿＿＿份。

其他证明文件＿＿份。

2. 什么是田园风格？田园风格倡导“回归自然”，美学上推崇“自然美”，它力求表现悠闲、舒畅、自然的田园生活情趣。在田园风格里，粗糙和破损是允许的，因为只有那样才更接近自然。按照《中华人民共和国消费者权益保护法》来执行，消法第四十三条规定，消费者与经营者发生消费者权益争议时，可以通过下列途径解决：

（1）与经营者协商解决。

（2）消费者请求消费者协会调解。

（3）向有关行政部门申诉。

（4）根据与经营者达成的仲裁协议提请仲裁机构仲裁。

（5）向人民法院提出诉讼。但必须注意：一般情况下，如提请了仲裁，便不得再向法院提出诉讼。

业主小芳虽然在合同中注明了“田园风格”，但是在装修设计中对“田园风格”又有着多种解释，她又没有与设计师进行深入的沟通与交流，导致对装修效果的不满意与不认同。所以，作为业主，在装修前最少要与设计师进行以下几方面的沟通：装修投资费用预算；家庭成员的爱好与职业特点；对装饰风格、色泽的感觉与爱好；各居室功能的定位；对主要装饰材料选取的个人意见；全居室照明系统、开关、插座、空调系统的安排与要求；工艺品、装饰字画的摆放位置等。

若能在装修前收集一些自己喜欢的装修风格的图片，也会有助于与设计师的沟通，而且使装修出来的效果更加适合自己。

3. 环境保护法、各地方法规对于环境污染的界定？同时，被害人是否有具体的实际损失也是判案的关键。

4. 可以从合同的效力角度分析私了协议的效力，例如显失公平、受到胁迫等，也可以从签订合同的主体视角进行分析，例如签字人是否能代表公司，签订私了协议。

5. 一般开敞式阳台在销售时是按一半面积计算，而封阳台则是算全面积，因此业主购买开敞式阳台的住宅后自行包阳台，其实获得了面积差额的利益。包阳台牵涉到建筑的外立面，属于公共部分，牵涉到全体业主的利益，因此现在一些物管公司都对业主私自包阳台有所限制。物业公司之所以禁止私自包阳台，也是考虑到整个小区住宅的整体规划统一。对私自封阳台的住户，物管公司一般采用劝说的方式，物业告业主的事例比较少。

根据中华人民共和国国务院令第 379 号《物业管理条例》第二十二条：建设单位应当在销售物业之前，制定业主临时公约，对有关物业的使用、维护、管理，业主的共同利益，业主应当履行的义务，违反公约应当承担的责任等事项依法作出约定。

第二十三条还提到，建设单位应当在物业销售前将业主临时公约向物业买受人明示，并予以说明。物业买受人在与建设单位签订物业买卖合同时，应当对遵守业主临时公约予以书面承诺。

“因此，如果业主购房时已签了该《临时业主公约》，则需要遵守，擅自包阳台，物业可以告业主。”副主任提醒业主在签订购房合同前，一定要看清楚《临时业主公约》，如果有疑义及时提出来，签约后便要遵守公约相关规定。

一般购房者在收房时会签订《临时业主公约》。但是如果业主对《临时业主公约》条款有疑问，可以在成立业主大会之后由业主大会提出修改或重新制定新的公约。

如果业主封闭阳台没有牵涉房屋墙体的变动，可以自行封闭阳台。因为《临时业主公约》属于格式合同，合同的主体应属于全体业主，违反《临时业主公约》，就是违反全体业主的权益。物业公司作为第三者，无权告业主。并且《临时业主公约》有效期应在小区成立业主大会为止。业主委员会成立之后中，有权对《临时业主公约》认为不合理的条款进行修改。业主委员会还有权利决定聘请新的物业公司，也可以制定新的公约。如果业主封闭阳台要对墙体进行变动，则要具体对待。倘若房屋本身设计中的承重要求不能承受封闭阳台，业主不得自行封闭阳台，这部分业主如果自行封闭阳台，需要相关设计单位以及建设行政主管部门的相关行政审批。

6. 此案当事人订立的购买钢材的合同采用了口头形式。按现行合同法规定，当事人订立合同可以采用口头形式，但法律、行政法规规定采用书面形式的，应当采用书面形式。此案是关于工矿产品买卖合同，按照国务院《工矿产品购销合同条例》第四条的规定，除即时清结者外，应当采用书面形式。此案当事人订立的买卖钢材的合同不是即时清结的合同，不能采用口头协议，而应当采用法定的书面合同形式。由于双方未采用法定的书面合同形式，合同没有成立，双方的口头约定不具有法律约束力。《合同法》第十条："当事人订立合同，有书面形式、口头形式和其他形式。法律、行政法规规定采用书面形式的，应当采用书面形式。当事人约定采用书面形式的，应当采用书面形式。"

此条规定合同的表现形式。合同的表现形式从不同的角度有不同的划分。从是否可以用有形的方式表现所载内容的角度，合同可以分为书面形式、口头形式；从是否存在当事人的约定来划分，合同可以分为约定形式和法定形式。

所谓合同的书面形式，是指合同书、信件以及数据电文（包括电报、电传、传真、电子数据交换和电子邮件）等可以有形地表现所载内容的形式。本条虽明确规定，合同的形式有书面形式、口头形式和其他形式，但书面形式是我国合同最主要的形式。这里所说的"有形地表现所载内容"，除传统的用书面文字表现合同内容外，还包括用数据电文表现合同内容的方式。这是立法顺应科学技术发展最典型的证明。在现代社会，数据电文，已经广泛进入社会的各个生活领域，为人们迅速高效地传送信息。因此，将数据电文作为合同的书面形式从立法上肯定下来，对提高人们的工作效率无疑有极大的益处。同时，本条第二款规定，法律、行政法规规定采用书面形式的应当采用书面形式；当事人约定采用书面形式的应当采用书面形式。很显然，国家立法对合同的书面形式给予了极大的关注，并希望社会关系参加者能够采用书面形式的，尽量采用书面形式，以便减少合同纠纷。

所谓合同的口头形式，是指人们利用对话的方式达成协议的合同形式。在人们的社会生活中，人们的衣、食、住、行都与口头合同形式密切相关。一般来说，即时清结的合同大多数都采用口头合同方式。因此，合同的口头形式，理所当然的是现行合同法肯定的合同形式。但由于口头合同形式在当事人发生纠纷时，当事人一方难以取证，保证当事人的合法权益有相当难度。因此，本条虽规定合同的口头形式，但是除即时清结之外，如果能够采用书面形式的，还是应当采用书面形式。

7. 醉酒的人是否具有民事行为能力，意思表示是否真实？另外，要区分病理性醉酒和生理性醉酒的区别。

8. 解决争议的方式有协商、调解、仲裁、诉讼，各有利弊。

9. 监理工程师的行为一般被认定为职务行为，因此监理公司要承担法律责任。

4.3 装饰工程竣工验收实务

装饰工程的施工质量，取决于装饰公司的施工水平，也取决于业主和监理方的验收与日常监督。下面简要介绍一下装饰工程验收阶段需要注意的地方。

【情景描述】

经过两个多月漫长的装修期，以及一两次有惊无险的风波，TIM 跟进的第一所房子终于如期完工了。这天是竣工验收日，王先生一家在 TIM 和项目监理的带领下仔细进行了硬装工程的竣工验收。

4.3.1 验收阶段

1. 开始装饰施工前的验收

看拆改项目是否符合合同规定，是否存在安全隐患，墙面处理是否干净，进场材料的数量、等级、规格是否与事先约定的相符。

2. 水电路的验收

第二阶段的验收应该是一次水路、电路改造的单独验收，需要在专业水工或电工的操作下检查所有的改造线路是否通畅，布局是否合理，操作是否规范，并重新确认线路改造的实际尺寸。只有线路改好后，漆工才可以接下去封墙、刮腻子。

3. 按图纸对木工尺寸进行验收

第三次验收要在木工基础做完之后，此时房间内的吊顶和石膏线也都应该施工完毕，厨房和卫生间的墙面砖也已贴好，同时需要粉刷的墙面应刮完两遍腻子。这个阶段的验收工作非常重要，应该仔细核对图纸，确认各部位的尺寸，如发现不符的地方，应立即整改。

4. 木工质量验收

当所有细木制品的饰面板贴好，木线粘钉完毕后，可以进行第四阶段的验收。这个时间基本处于工期过半的时候，这个阶段的检查要偏重于木制品的色差和纹理以及大面积的平整度和缝隙是否均匀。

5. 漆工质量验收

木制品完工后，漆工就可以开始进行底漆处理工作，同时所有地砖也应该在这个阶段内贴完，这是分阶段验收中的第五个阶段。

6. 完工后的验收

最后一个阶段中的验收内容是最全面而彻底的。检查踢脚板、洁具和五金的安装情况，木制品的面漆是否到位，墙面、顶面的涂料是否均匀，电工安装好的面板及灯具位置是否合适，线路连接是否正确。另外，施工队应将房间彻底清扫干净后方可撤场。

4.3.2 验收细节

1. 给排水管道、卫生洁具

（1）管道的安装要做到横平竖直，管道内畅通无阻，各类阀门的安装位置合理，便于日后维护及更换。

（2）如做暗管的话，完工后先通水、加压，检查所有接头、阀门和各连接点是否有渗水、漏水现象，检查无误后才能密封。

（3）洁具需在吊顶结束后再安装（如需吊顶的话），浴缸、坐厕、水箱、脸盆等的给排水管安装要合理，要通水、加压后仔细检查是否有漏水现象。

（4）其他用具如镜箱、纸缸、皂缸、口杯架、毛巾杆、浴帘杆、浴缸拉手等必须安装牢固（最好用膨胀螺栓）、无松动现象，位置及高度适宜，镀膜光洁无损、无污染，另外，水龙头的屏蔽要紧贴墙面，不能留有任何缝隙。

2. 电线（电话线、有线电视线）及电气安装

（1）暗线应铺设在护套管中，最好采用 PVC 阻燃管或金属管，导线的接头应设在接线盒。

（2）电话线应采用专用护套线（电信公司有售，不可用常规电线代替），有线电视线采用 75 Ω 的铜轴屏蔽电缆线。

（3）电源线、电话线和有线电视线不能穿在同一个护套管内。应采用安全型暗装插座、暗装开关，最好再加装个漏电保护器。各类接线盒内的线头要预留 15 cm 以上，在封墙前应仔细通电检查，电话线、有线电视线可用万用表检查。

（4）大型吊灯、吊扇的挂钩最好用大于 8 mm 的钢筋制成，预埋在顶棚中，安装要牢固，距离地面不能小于 2.3 m。

（5）壁灯、轻型吊灯应用膨胀螺栓固定。吊灯的着力点应在吊杆或吊链上，切不可让电源线去承受吊灯的重力。

（6）脱排油烟机应按照说明书安装牢固，高度、倾角应符合厂商的标准，切不可图方便或美观而随意更改。在排线及安装设备时，应时常在旁监督检查，一旦埋进墙内或顶棚中就很难查了，尤其是多联开关，一定要检查其是否有效，如有不符合要求的地方，一定要责令施工方整改。

3. 吊顶及顶部涂刷

（1）根据吊顶的设计标高，允许在水平面上偏差 ± 5 mm。

（2）吊筋所用的镀锌铁丝不得小于 8 号，且必须要膨胀螺栓作吊点。

（3）如采用木龙骨，其材料必须是无开裂、无扭曲的红、白松木，主龙骨的规格不能小于 50 mm × 70 mm。

（4）涂料必须要用滚筒上漆，顶面必须平整、无明显坑洼。

（5）卫生间的罩面板不能采用受潮易变形的石膏板、矿棉板、胶合板等，应选用金属扣板或塑料板。

（6）罩面板表面应平整、光洁、接缝顺直和宽窄均匀，不得有缺棱掉角、开裂等缺陷。

（7）罩面板与龙骨及龙骨架的各接点，必须连接紧密、无松动、安全可靠。

（8）所有的木龙骨需涂上防火涂料，直接接触墙面的或安装在卫生间里的木龙骨还要涂刷防腐剂。

4. 瓷砖、墙纸、涂料墙面

（1）墙面必须平整、光滑，人贴在墙面上，用手电打光，一般以不产生严重的折光即为平整的标准，另外，阴阳角要顺直方正。

（2）墙纸、墙布在阴角处的接缝要搭接，阳角处的包角要压实，不得留有接缝。

（3）裱好的墙纸、墙布不得有气泡、空鼓、裂缝、翘边、皱折及污斑，粘贴牢固、色泽一直。

（4）墙纸、墙布与挂镜线、门窗套、窗帘盒、踢脚板等处要紧接，不能留有缝隙。

（5）拼缝横平竖直，接缝处的图案花纹吻合、不离缝、不搭接，以离墙面 1 m 多距离正视，不露有明显接缝为佳。

（6）非整砖的部位，安排要适当，墙面突出物（如封水管等）周围的砖套割尺寸要准确，边缘要吻合。

（7）瓷砖（面砖）粘贴要牢固，无空鼓、无色差，不得有歪斜、缺角少棱及裂缝等缺陷。

（8）接缝的高低可以有 5 mm 的偏差，另外，表面平整及立面垂直也允许偏差 2 mm。

5. 板块地面和木地板

（1）常用的地面板块为：大理石、花岗岩、陶瓷地砖，均采用水泥（拌黄沙，有的还掺胶水）铺贴，一个大区域粘贴的地面材料的光洁度、纹理、图案、色彩应保持均匀、一致，无色差。

（2）面层与底层必须完全黏合牢固，敲上去不能有空洞之声，接缝顺直、缝宽均匀、饱满牢固。

（3）木地板选用的木龙骨（搁栅），毛地板和垫土安装必须牢固、平直，并最好涂有防腐剂。

（4）硬木面层应从中间向四边铺钉，木地板与四周墙面应留有 5 ~ 10 mm 的膨胀空隙，并用踢脚线压住，不能露出“马脚”。

（5）木地板接缝严密、不留痕迹，接头位置错开、粘钉牢固，走在上面无松动的感觉，且应无声响。

（6）木地板的表面应被打磨光滑，无刨痕、无刺、无疤痕，木纹清晰、纹理流畅、色泽均匀一致。

6. 木制品（橱、柜、护墙板、门窗套等）

（1）吊橱、壁柜等要安装牢固，无松动、不变形、边角整齐、无毛坯，柜门密封、开启灵活、无倒翘、无反弹，另外，不能留有锤印、不能露出钉帽。

（2）各种线、窗帘盒的上下沿，门窗套的上框等处两端高低相差不能大于 2 mm，垂直度的偏差也需在 2 mm 以内，具体检验时可用线锤检查，简言之：横平竖直是准则。

（3）护墙板的表面要平整、光滑，如做图案的话，细木的宽窄要一致，紧贴护墙板，另外，要无锤印、无污染，不留钉帽，棱角要顺直。

（4）门窗套、挂镜线、窗帘盒等接缝要紧密，必须呈45°角对接，并紧贴于墙面，不能留有缝隙。

（5）油漆后应无漏刷、砂粒、刷痕、污斑及流坠（滴泪）等现象，表面光洁、平整。如做清水，则木纹要清晰，做混水的话，色则要光亮、均匀一致。建议在油漆前应先检查一遍，不合格的地方应及时整改，细木制品有体现出精工细做，否则上漆后就难以查出某些砒疵了。

为了明确责任，规范验收环节，很多家装公司都制定了统一的竣工验收表，这些表格为业主自行验收提供了依据和评价标准。（家装工程验收单样表见附录中附表3）

项目五
软装配饰环节

职业能力目标

- 了解软装配饰设计的基本概念
- 了解软装设计项目的分析策划
- 熟悉软装元素，掌握不同陈设的选择以及布置技巧
- 握软装设计文本的内容与制作方法

5.1　配饰设计概述

软装配饰设计简称软装设计，是主要针对家居空间、商业空间、样板间的那些易更换、易变动位置的家具与饰物——窗帘、沙发套、靠垫、工艺台布、装饰挂件、摆件、装饰画、收藏品、花艺等，通过精心选择与陈列设计，对室内进行二度装饰布置的过程。

饰品、艺术品的陈列设计能够赋予空间更多的文化内涵和审美情趣。因此，软装一方面与室内整体风格相协调，营造相应的室内氛围，体现主人的生活品位，使设计锦上添花；另一方面，软装也可以弥补硬装功能与视觉效果的不足。

做好软装设计，需要有大量的专业知识和设计经验，要有生活品位和文化积淀，要有开阔的视野和发现美的眼睛，要熟练掌握相关软件进行软装设计。

知识层面	文化层面	眼界层面	技能层面
丰富的室内设计专业知识和设计经验	优秀的生活品味和文化积淀	开阔的视野和良好的审美标准	熟练掌握 Photoshop、Powerpoint 等软件

软装设计师对于软装项目的执行与把控就好比精彩的魔术表演，各种软装元素在魔术师的手里绽放迷人的光彩，营造出意想不到的空间效果。在软装设计执行的过程中需要专业知识的支撑，比如：对项目空间、硬装的理解，主人、项目的分析，软装元素的认知，室内风格的把握，色彩、材质的分析运用，陈设布置技巧的掌握，案的艺术表现技巧以及对历史文化的了解等。

图 5-1

图 5-2

【情景描述】

硬装的验收结果让王先生相当满意，他爽快地签收了房子，并交付了工程尾款。接下来，

TIM 要在 BEN 的指导下完成最后一件事，王宅的软装配饰设计。软装配饰设计，要求设计者拥有有深厚的文化底蕴和较高的生活品位，这对于涉世未深的 TIM 来说，又是一个全新的挑战。

5.2 软装设计项目分析与策划

5.2.1 软装设计项目分析

1. 空间分析

国外的软装设计项目一般在硬装设计前就已经介入，或是与硬装设计同步进行，而国内的普遍操作流程是硬装设计确定后，甚至是硬装施工完成后，再由软装设计公司进行软装设计。事实上，软装设计师与普通室内设计师不能生硬地割裂开，他们从事的工作都是室内设计，只是随着行业的发展，分工越来越细而已。

因此，一方面软装设计师要对项目现场空间（户型、层高、设备）有所认识，另一方面要对项目中设置的造型、家具等尺度有一定理解。空间与造型的关系、空间与家具的关系，直接影响到软装陈设的布置，从协调的角度对空间与人之间、物与人之间的比例关系进行掌控，从而更好地选择陈设品，让软装设计达到预期的效果。

（1）分析图纸。通过效果图和甲方提供的 CAD 图纸，对整个项目空间有基本的了解和直观的认识。除了平面布局外，软装设计师要重点查看 CAD 图纸中的立面图、详图等图样，了解到空间的结构、施工方法、施工材料及各种尺寸，在软装材料搭配硬装材料时会起到非常重要的作用。

（2）实地考察。根据硬装的进度，软装设计师应当到现场进行实地考察，进一步体会整个空间。在酒店的软装设计中，这一步骤尤为重要。一个好的软装设计，一定要吃透硬装的选材，如地砖、墙纸、吊顶、石材等，仔细斟酌硬装选材的基调、气质。优秀的硬装设计再加上出彩的软装设计，才会是一个完美的空间。

（3）提出建议。软装本身是起画龙点睛的作用，让设计散发灵气。若硬装设计存在某些方面的缺陷，可以通过软装进行巧妙的弥补，比如柔化死角、遮蔽败景、重新组织空间等。

除此之外，软装设计师要掌握一定室内设计原理知识、施工技术语言等，软装设计师拿到一套室内设计方案施工图，能读懂方案里平面布置、天棚造型、地面物料铺装、立面造型、材质工艺、风格样式等，进而对软装设计进行准确的定位，包括从风格、颜色、灯光、绿植等方面与硬装相适应，形成一个完整的设计。

2. 客户分析

客户分析是指软装设计师对客户信息与需求要有所了解，并能通过主观分析对信息进行筛选处理，通过设计手段达到预期理想的效果。客户信息包括客户的年龄、性别、家庭组成情况、职业、收入、学历、性格、兴趣、爱好、生活习惯等，客户需求包括客户对于项目投入资金、对待项目的看法、功能需求、审美需求等，通常情况下，建议同学们制作一份客户分析书。这样可以帮助我们梳理出设计的线索，便于更好地设计，如果不了解客户信息与需求，就盲目开始设计，可能会造成“走弯路”、“被返工”的局面。

要做好客户信息与需求分析的重要途径就是与客户的有效沟通。与客户的沟通贯穿在软装设计的全过程中，所以作为一名软装设计师不仅要掌握专业技巧，还要掌握沟通技巧。

软装项目设计任务书

一、项目概况

1. 项目名称： 项目地点：
2. 项目类别： 项目面积：
3. 甲方执行负责人： 联系电话：
4. 乙方设计负责人： 联系电话：
5. 硬装设计负责人： 联系电话：

二、设计要求

业主宗教信仰：__________：

1. 内容和范围（□家具、□灯饰、□布艺、□饰品、□花艺、□画品、□其他）：
2. 业主的年龄：______岁；业主的职业：______；业主的爱好：________；孩子的年龄：______岁。
3. 业主选择餐桌形状：□圆形 □方形 □长方形。
4. 业主计划软装的费用：______万；费用比重：家具______饰品______。
5. 设计定位

情景主题：□整体项目主题：______；□具体空间主题：______；

风格定位：□中式□东南亚□现代□欧式□新古典□其他。

6. 设计进度计划

① 提供概念设计成果时间： 年 月 日

② 提供方案设计成果时间： 年 月 日

③ 提供材料样板时间（家具布料及木饰机板）： 年 月 日

④ 提供家具白胚完成时间： 年 月 日

三、设计成果

1. 初步设计概念图册包含：

① 人物背景、爱好设定（如男妇女主人的职业、爱好等）；

② 主题设定、故事情节创意（故事情节要展现到每个空间）；

③ 优化平面布置图；

④ 配色方案确定；

⑤ 家具布料及木饰面样板；

⑥ 家具、灯具等方案配彩图。

2. 深化设计图，采购清单：

① 家具清单：　　④ 窗帘清单：　　⑦ 地毯清单：

② 灯具清单：　　⑤ 饰品清单：　　⑧ 挂画清单：

③ 花艺清单：　　⑥ 床品清单：　　⑨ 其他：

5.2.2 软装设计项目策划

在了解与掌握了项目情况和客户情况以后，下一步软装设计师就要进行项目的定位与策划，这是一个展现设计思路与创意的过程。

1. 项目定位

项目定位是指软装设计师通过对项目与客户的分析，思考与敲定设计的方向，包括设计理念、风格、造型元素、色彩搭配等方面，当然还要考虑客户的预算。

2. 项目策划

项目策划是项目执行的必经过程，设计师可以通过搜集资料、走访调研等手段来确定软装设计的思路与内容，然后以图文并茂的表达方式向客户展示设计的内涵与亮点，思考的细节具体表现在设计理念与设计定位的展示、色彩与材质搭配的展示、软装元素的选择与展示、造型元素与风格氛围的展示，图文版面的设计展示等，而这个过程就是项目策划。软装设计师要将设计信息数字图文化，这将有利于与客户沟通设计方案，在客户心目中建立起良好的印象，便于后期工作的开展。

5.3 软装元素

做软装设计，必须要了解什么是软装元素。一种有趣的说法是：把房子上下颠倒，能倒出来的就是软装元素。软装元素作为可移动的装饰内容，主要分为功能性软装元素与修饰性装饰元素两大类。

5.3.1 功能性软装元素

1. 家　具

家具是生活必须元素，它既承载着我们不同的生活需求，又展现着生活艺术的魅力。一件成功的家具就是一件艺术品，结合不同的设计风格与材质，体现出家具独特的造型语言。

家具按照功能分类可分为坐卧类家具、凭倚类家具及储藏类家具。

（1）坐卧类家具。按照人们日常生活行为，其中坐与卧是人们日常生活中占有的最多的动作姿态，如工作、学习、用餐、休息等都是在坐卧状态下进行的，坐卧类家具有沙发、椅、凳、床等。常见的沙发形式有单人沙发、双人沙发、三人沙发、多人沙发、L 形沙发、组合沙发等，椅与凳的产品样式繁多，造型丰富。（见图 5-3）

图 5-3

（2）凭倚类家具。凭倚类家具是为人们在工作和生活中进行各种活动时提供相应的辅助条件，如缺少了此类家具，人们的活动会感到不便，甚至无法进行。如就餐的餐桌、学习用的写字台、厨房里的操作台、化妆用的梳妆台等。（见图 5-4）

图 5-4

（3）储藏类家具。储藏类家具是收藏、归纳日常生活用品及衣物、书籍等的家具。根据储存物品的不同，该类家具可分为柜式和架式两种不同的储存方式。家庭用柜式主要有壁柜、衣柜、书柜、陈列柜、酒柜、床头柜、斗柜等；架式主要有书架、食品架、陈列架、衣帽架等。（见图 5-5）

图 5-5

在布置家具时，不是简单意义上的随意摆放，而是要注重空间规划、布局以及功能使用等要求，以不同形式与风格体现室内的风格效果与艺术氛围。

2. 布　艺

布艺是家居布置的灵魂，它赋予居室一种温馨的格调，或清新自然，或典雅华丽，或诗意浪漫。布艺装饰按照功能划分，包括窗帘、床上用品和地毯等。

（1）窗帘。窗帘是点缀格调生活不可缺少的元素，是审美水平、艺术品位的展现，也是软装饰设计的重点部分。窗帘已与我们的空间并存，样式千变万化，面料品种繁多。窗帘样式选择首先要考虑居室的整体效果，其次应当考虑窗帘的花色图案是否与居室相协调，然后再根据环境和季节权衡确定。此外，还应当考虑窗帘的样式和尺寸，小房间的窗帘应以比较简洁的样式为好，大居室则宜采用比较大方、气派、精致的式样。窗帘按造型可分为罗马帘、卷帘、垂直帘和百叶帘等。（见图 5-6、5-7）

图 5-6

图 5-7

（2）床上用品。卧室是最能体现生活品质的地方，而床又是卧室的视觉焦点，寝具（被套、床单、枕套）则是焦点中的焦点，它体现着主人的身份、修养和志趣等，寝具选择与空间相适宜的色彩、花型，会给卧室添光增彩。床上用品一定要注意面料的选择，除了内在质量要求外，还必须有很好的外观和触感，让人觉得舒适而温暖，进一步体现家的温馨。床上用品适用的面料有涤棉、纯棉、涤纶、腈纶、真丝、亚麻等，最常用的是涤棉和纯棉面料。（见图 5-8）

图 5-8

（3）地毯。最初，地毯仅用来铺地，起御寒而利于坐卧的作用，后来由于民族文化的陶冶和手工技艺的发展成为了一种高级的装饰品，既具隔热、防潮、舒适等功能，也有高贵、华丽、美观、悦目的观赏效果。作为一名软装设计师，一定要了解地毯的品种与性能，以便较好地选择出适宜空间环境的地毯，地毯的常见品种有纯毛地毯、混纺地毯、化纤地毯、化纤地毯、塑料地毯、剑麻地毯等。（见图 5-9）

图 5-9

3. 灯　具

灯具是家居的眼睛，为居室带来光明。家居里的灯具应根据空间大小、室内风格、室内家具的样式、陈设布置来选择。

（1）灯具的类型。灯具按造型可分为吊灯、吸顶灯、壁灯、射灯、落地灯、台灯、工艺蜡烛等。其中，吊灯、吸顶灯、壁灯一般属于固定式灯具，而落地灯、台灯、工艺蜡烛属于可移动灯具，摆放与使用上比较灵活。选择灯具时还要考虑到照明方式，整体与局部照明结合使用，同时考虑功能和效果。

① 吊灯。吊灯是从天棚悬挂而下的一种灯具，是室内空间的主光源。室内空间越高，吊灯的位置高度就越高，其高度距离地面一般不低于 2 200 mm，以免阻碍人的视线或被不小心碰到。吊灯的造型繁多，常见的有欧式吊灯、中式吊灯、水晶吊灯、现代简约吊灯、五叉圆球吊灯、橄榄吊灯等。（见图 5-10、5-11）

图 5-10

图 5-11

② 吸顶灯。吸顶灯是直接安装在天棚面板上的灯具，和吊灯一样，是室内空间的主光源。当居室的室内高度较低，难以悬吊体量大的吊灯时，往往选择更为轻巧、不占空间的吸顶灯。吸顶灯的造型、大小、材质均根据空间的需求而定。（见图 5-12）

图 5-12

③ 壁灯。壁灯是安装在墙面板上的灯具，一般作为辅助照明灯具出现。常见的有床头壁灯、过道壁灯等。床头壁灯安装在床头上方的墙上，多以两盏或单盏的形式，照亮床头局部，方便阅读；过道壁灯安装在过道的墙上，作为光环境的补充，或是对装饰画、饰品进行单独照明。

④ 射灯、筒灯。射灯是以射线光束照亮小范围的灯具，用来对装饰里的重要部分进行重点表达与气氛烘托；筒灯既能用作环境照明，也拥有比普通灯具更强的聚光效果，使用很灵活。

⑤ 落地灯。落地灯是放在地面上的灯具的统称，常与沙发、茶几配合使用，强调移动的便利，对于局部气氛的营造十分实用。落地灯的采光方式若是直接向下投射，适合阅读等需要精神集中的活动，若是间接照明，可以调整整体的光线变化。

⑥ 台灯。台灯作为可移动灯具中的代表，其材质与款式多样，无论开灯还是关灯时都是一件艺术品，是软装设计里的重要元素。一般根据室内整体风格来选择合适的装饰台灯，如经久耐看的欧式仿古台灯与欧式卧室相得益彰；现代风格的客厅里搭配一些时尚简约的台灯，均会令人耳目一新。

⑦ 装饰烛台。装饰烛台是一种由主干分支出数根蜡烛的照明器具，它在现代家居饰品中的装饰功能已经远大于使用功能。烛台一般为欧式、中式、现代等风格，造型方面呈现出多样性和精致性。款式新颖的烛台除了调节居室空间氛围之外，还可以利用其烛光燃烧时的独特光影与香气来突出主人的品位。

4. 餐　具

俗语说民以食为天，餐厅是人们使用最频繁的室内空间之一。在餐桌上摆放一套造型美观且工艺考究的餐具，再配上一套璀璨的酒具，除了可调节人就餐时的愉悦心情、增进食欲之外，也能衬托出主人独特的生活品味和高品质的生活状态。

餐具根据使用功能大致可以分为盘碟类、酒具类和刀叉匙三大类。

（1）盘碟类。盘碟类包括盘子、水杯、咖啡杯、咖啡壶、茶壶、杯碟等。

盘子是餐具中的代表，选择合适的餐盘是至关重要的。通常用的餐盘有 5 个尺寸：一般为 15 cm 的沙拉盘，18 cm、21 cm 的甜品盘，23 cm 的餐盘及 26 cm 的底盘。餐盘以圆形为主，此外方形、椭圆形或者八边形餐盘也很常见。

杯子与盘子的图案一般根据空间的整体风格来定。如果室内空间为现代风格，那么杯与盘可以选择简约线条的图案，或者当下最流行的图案做装饰。如果室内空间以复古风为主，则选用传统图案的盘碟，形成协调共鸣。

（2）酒具类。这里主要指的是西方酒具，一般以玻璃器皿为主，主要包括各式酒杯及附属器皿、醒酒器、冰桶、糖盅、奶罐、水果沙拉碗等，玻璃器皿形状多种多样，可根据选择的家具风格、餐具款式进行挑选。（见图 5-13）

图 5-13

（3）刀叉匙类。西餐对刀叉的要求同样非常讲究，多以 18—19 世纪银匠传统的设计为工艺依据，结合现代设计的平实、简单、富有现代感的形状制作，整体造型典雅、图案优美。（见图 5-14）

图 5-14

5.3.2 修饰性软装元素

修饰性软装元素有装饰画、工艺品、装饰花艺等。

1. 装饰画

装饰画一般包含现代装饰画、中国画、西方油画等类型，其中现代装饰画还可细分为印刷品装饰画、实物装裱装饰画、装置艺术装饰画以及装饰壁画等。

（1）装饰画的选择。装饰画的选择是关键。选画的时候一般根据家居装饰风格来确定画品，例如中式风格空间，可以选择国画、书法作品等进行装点；西式古典风格空间，可搭配西方油画、版画等；现代简约风格空间，可选择以抽象、现代为主题的装饰画；田园风格空间，可配上自然清新的花卉或风景为主题的装饰画。除了主题风格之外，画品的色彩也需要与环境协调。可根据室内空间的主色调，选择与之呈近似色的装饰画，做到色彩的有机呼应；也可选择和空间主色调呈撞色的装饰画，达到出众醒目的效果，但要注意这种情况下的装饰画数量不宜多，体量不宜大。（见图 5-15、5-16）

图 5-15

图 5-16

（2）装饰画的布置。装饰画主要采用悬挂的方式。画要挂在引人注意的墙面，或者开阔亮堂之处，避免挂在角落或者阴暗处。而挂画的高度则根据画品本身的大小、内容和墙体高度等因素而定，多数情况下，画面中心以主人的双眼平视高度或稍微朝上的高度为宜，这个高度是欣赏画品最舒适的尺度。（见图 5-17、5-18）

图 5-17

图 5-18

2. 工艺品

工艺品根据材质的不同可分为以下类型：玻璃工艺品、水晶工艺品、金属工艺品、陶瓷工艺品、植物编织工艺品、雕刻工艺品、石材工艺品等。工艺品作为可移动物件，具有轻巧灵便、可随意搭配的效果。在现代软装设计执行过程中，工艺品的引入一般是在家具、灯具、布艺、装饰画等的陈列设计结束之后，属于软装设计的后期阶段。（见图 5-19、5-20）

图 5-19

图 5-20

（1）工艺品的选择。工艺品的选择同样要求与装修风格相协调，例如，家里都是老家具，适合用造型古朴、色彩浑厚的工艺品；空间风格现代时尚，工艺品适合用造型灵活、色彩多元化的类型；当空间为后现代主义风格时，摆件也可以是不同样式风格的混搭。

（2）工艺品的布置。工艺品的布置摆放需要遵循以下原则：

① 尺寸和比例适宜原则。小桌子不适合配大摆件。有时候，尺度夸张的工艺品放置在空间中确实能起到特别的视觉效果，但在居住空间中需谨慎采用。

② 视线合理原则。较大型的反映主题的工艺品，应摆在突出的视觉中心位置，锦上添花；角落位置可放置一些小摆件，赋予一定的生机。

③ 烘托气氛原则。不同的工艺品可以营造出不一样的环境气氛，进而影响到居室主人的心情。比如陈列有整齐书籍的书架看起来简练，当加入玩具、雕像等小饰品时，则显得严肃又活泼了。

④ 质地、色彩、造型对比原则。例如大理石板上摆放绒质动物玩具、蓝色的居室空间中摆放橙黄色的装饰工艺品、方正的边桌上摆放不规则的流线型摆件，均可形成吸引人的对比效果。

⑤ 贵精不贵多原则。精致的生活要落实到每个细节，但却不等同于越多越好。恰到好处的工艺品才最能突显主人的品位。

3. 装饰花艺

植物与花卉因充满自然气息、蕴含生命力而受人喜爱，将花品引入室内，其质感、色彩的变化对室内环境起着重要的装饰作用。

（1）花艺的选择。在选择室内植物与花卉时，要优先考虑把有益健康的植物引进门。例如芦荟、虎尾兰能吸收甲醛；菊花、月季、半枝莲、腊梅等植物能吸收电器和塑料制品所散发的有害气体；茉莉、蔷薇、紫罗兰等植物所散发的香味对结核杆菌、肺炎球菌等病菌有明显抑制作用；虎皮兰、龙舌兰、褐毛掌等植物在夜间净化空气、吸收二氧化碳的能力强；丁香、茉莉、玫瑰、田菊、薄荷等植物可使人放松，有助睡眠。

对人体有害的植物不宜养殖在室内。如夹竹桃、洋金花这些花草有毒，对人体健康不利；夜来香的香味有较强刺激作用，夜晚还会排放大量废气；万年青触及皮肤会产生奇痒，误食还会中毒；郁金香含有毒碱；含羞草经常接触会引起毛发脱落；接触到水仙花的花叶和花汁可能导致皮肤红肿等。

（2）花艺的布置。花艺应针对家居的整体风格及色系进行设计，保持与家具、布艺、饰品、装饰画之间的连贯性，在美化家居环境的同时，提升家居陈设质量。除了阳台、入户花园之外，居室花艺优先布置的空间顺序是：客厅、餐厅、卧室、书房、厨房与卫生间，各个空间里的布置要点也各不相同。

① 客厅的花艺设计。客厅是会客与休闲的场所，可陈列色彩明快、体量较大的花卉植物，摆放在客厅的醒目区域，体现温馨与大方；炎热季节，在客厅放置清雅的花艺作品，能增添凉意。沙发旁可摆放盆花，茶几上可有蝴蝶兰、绣球等插花，墙角可用较大的盆栽如龟背竹、旅人蕉等来柔化界面。（见图 5-21、图 5-22）

图 5-21

图 5-22

② 餐厅的花艺设计。在餐厅中引入适当的花卉植物，其花与枝叶除了美观之外，也有助于增进食欲。餐桌上的植物装饰不宜复杂，可在餐桌中央放置一瓶插花；餐厅角落可摆放凤梨类、棕榈类等叶片亮绿的观叶植物或者色彩缤纷的中型观花植物。

③ 卧室的花艺设计。卧室是休息与睡眠的空间，以单一颜色的花卉植物创造宁静、温馨的环境氛围。宽敞的卧室可使用较大的盆栽，小卧室可选择小巧精致的观叶盆栽，如蝴蝶兰、蕨类、羊齿类植物。对于夫妇的卧室来说，一簇颜色淡雅的插花摆放于其中，象征着心无杂念、纯洁美好的爱情。

④ 书房的花艺设计。在书房中点缀一些花艺，例如书架、书桌上摆放多肉植物，可以增加书房的活力，但花品的选择不宜热闹抢眼、喧宾夺主，打扰读书学习的宁静。

⑤ 厨房和卫生间的花艺设计。厨房一般面积较小，容易污浊，所以选择生命力强、可以净化空气且体量不大的盆栽，如吊兰、芦荟、薄荷、金钱草等。另外注意不宜选择花粉太多的花卉，以免开花时花粉散入食物中。卫生间湿度高，适合放置一些耐阴耐潮湿的植物，使之生长茂盛。一般来说，厨房和卫生间的植物数量不宜多。

5.3.2　室内设计风格

室内设计的风格大体可分为西方传统风格、东方传统风格、现代风格三大类，具体的代表性风格如图 5-23 所示。

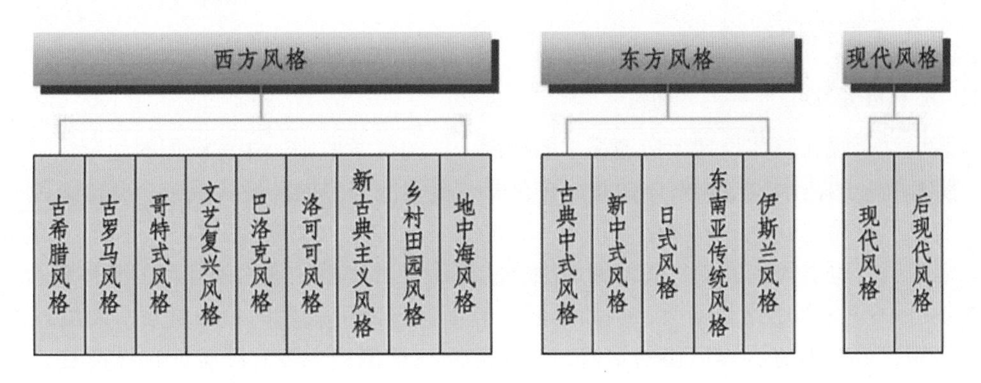

图 5-23

软装饰的选择不仅要参照室内装饰的风格，还要考虑色彩、材质、图案、性能、规格尺寸等要素。简单来讲，就是软装饰的风格应该和整个居家风格相搭配，或者具有对比性，或者具有协调性，都需要整体规划。从风格的角度说，装修风格决定软装饰的走向。在软装饰的设计中，必须先确定家居的整体风格，再来选择风格统一的饰品，好的饰品能起到点睛的作用。

案例：不同室内风格客厅的软装饰搭配方案（表 5-1）。

表 5-1

风格类型		软装配饰参考方案
传统古典	中　式	明式家具（整套）+暗绿色丝绒布艺+红灯笼+山水画
	西　式	法式家具+墨绿红花布艺+蜡烛圈形状吊灯+风景油画
现代和传统结合	中　式	明式茶几+麻织布艺窗帘+新式布艺沙发+纸吊灯
	西　式	法式茶几+法式沙发+木质罗马帘+“宜家”现代灯饰
现　代	田园式	原木茶几+布艺沙发+原木餐桌椅+纸吊灯+挂毯
	欧陆风尚	布艺大红沙发+纸吊灯+玻璃茶几+黑白摄影照片

5.4　软装布置技巧

软装陈设的布置受室内空间大小、结构、硬装程度、使用人口等因素的影响，应在满足使用要求的基础上布置各种陈设与饰品，注重室内环境的美观得体、完整统一。

5.4.1　软装布置技巧

1. 统一与变化

软装设计布置在整体设计上应遵循“多样统一”的美学原则，注意搭配的稳定性。尤其是家具，要有统一的艺术风格和整体韵味，在色彩、造型上与室内环境构成一个整体，因此最好成套定制或尽量挑选颜色、式样格调较为一致的家具，加上人文融合，提升居住环境的品位。即使是混搭风，也要找到元素之间协调与融合的根源，其次要注意内外环境的整体融合。

在统一中应富有变化与层次，例如桌面、墙面、隔断可采用同一种材质，而纹理的细节上有所区别；或是西方古典风格的室内，墙面装饰柱是挺拔中带有纤美的科林斯柱式，而家具腿部采用优美的弯曲形式，做到在相同的韵律中产生不同的节奏。整个家居空间经过软装陈设后，体现出主人的品位与内涵。整体空间使人心情愉悦，有点睛之笔。

【案例分析】

本案例是杭州桃花城的室内装饰设计。空间整体呈现古典风格，墙面使用罗马柱式、壁纸、石材、欧式护墙板与线脚等传统欧式元素，路易十五时期家具与拿破仑第一帝国时期家具的搭配。中式圈椅与瓷器、现代风格油画与后印象风格油画、欧式吊灯与现代风台灯在空间中的混搭，使整个空间富于层次感与文化内涵，中西元素的冲撞，同时又是古典气质的融合，格调与色调统一。（见图 5-24、5-25）

图 5-24

图 5-25

【案例分析】

本案例是上海水舍酒店的室内装饰设计。内外环境整体融合，上海旧建筑风格向室内蔓延，大厅斑驳的墙面设计，把人带回到旧时光里，一种贫穷艺术的展现，对过往生活面貌的回归与怀念，在新与旧之间，展现了设计者尊重时光的设计理念与态度。客房灰墙砖与现代

风格家具及设施的搭配，简约而富有内涵，浅浅的中国民间风貌呈现于眼前，令人回味。（见图 5-26～5-29）

图 5-26

图 5-27

图 5-28

图 5-29

2. 比例与尺度

比例是感性的参数，尺度是理性的要求。家具与室内墙面，或者家具与摆设之间，当它们的长度、高度接近黄金分割比例时，会带来舒适的美感。尺度方面，家具的大小尺寸首先要满足使用功能的需要，例如沙发坐面高度一般为 350 ~ 400 mm，椅子坐面宽度一般为 350 ~ 600 mm 等。同一位置上的家具，尺度上应尽量吻合，如大茶几搭配小沙发就不合适。其他的摆设如工艺品、花品、装饰画等，在设置时也应符合比例与尺度规律。

【案例分析】

本案例为一套儿童房，其中“PLAY”字样的黑色装置品，在尺度上与附近的儿童桌椅一致，墙面的麋鹿造型嵌入式储物架和另一侧的玩具架均按照儿童的使用尺寸要求进行设计，相互间体量适宜，营造出一个活泼温馨的儿童空间。（见图 5-30）

图 5-30

3. 均衡与主从

室内空间在布置时要强调均衡，这里的均衡指“对称均衡”与“不对称均衡”两类。如果以某面墙为背景，家具陈设的布置属于左右完全对称（或基本对称），那么称之为对称均衡。

实际生活中，对称均衡的布置并不适合大多数居室，这样会显得过于规矩、严肃且呆板。因此，多数情况下，以左右不对称，但家具陈设灵活而稳定的不对称均衡为宜。

主从关系是软装布置中需要考虑的基本因素之一。在居室软装饰中，如果家具陈设的色彩、造型、体量等过于丰富多变，容易产生凌乱感，使视线难以停留。因此，一个房间应该有一个视觉中心点（有时也以界面为对象来考虑视觉中心点），这个点就是布置上的重点。例如天棚上一盏流光溢彩、造型独特的吊灯，是整个房间中的亮点所在，但如果多放一两盏，整体美感就会荡然无存。只有明确地表示出主从关系，对某一部分进行强调，其他的家具陈设都是为了衬托主角的存在，而非喧宾夺主，这样才能打破全局的单调感，使整个居室变得有朝气。

【案例分析】

图 5-31 床、床头柜、台灯、装饰画在尺度上相协调，左右台灯采用对称方式布置，选择不同的灯体，曲与直的对比，打破了对称的沉闷。图 5-32 沙发与台灯成为画面主角，黑色维多利亚时期沙发的优雅曲线与造型硬朗敦实的台灯形成对比。

图 5-31

图 5-32

4. 呼应与韵律

硬装修与软装饰在色调、风格上的统一不难做到，但让两者产生呼应却需要在细节上下功夫。在室内设计中，呼应指的是同一类元素有意识地反复出现——天棚与地面、桌面与墙面、各种家具之间，都能产生呼应，例如材质与色彩的衔接、纹理与元素的对话，等等。当室内各界面与家具陈设之间有了呼应关系时，空间整体感会更强，美感也将更加丰富。需要注意的是，呼应并非元素简单的重复出现，而是在形式上会发生一定的抽象变化，这种有节奏的交替就称之为韵律。

【案例分析】

案例中，方格网纹这一元素在天棚、墙面、地面等各个界面以及家具中被反复运用，而每一种方格网纹又有区别，如墙壁上是黑底米色线不规则方格，隔断上是白底黑色线方格，椅子上是红色斜向镂空方格，它们均来自于方格网纹的元素提炼和延伸。此外，红与黑的色彩也在该空间的各个位置交相呼应，带来起伏的韵律感。（见图 5-33、5-34）

图 5-33

图 5-34

5. 色彩搭配

家具与陈设品的色调要与室内环境色相协调，它对室内环境的装点和强化方面具有很大的作用。在选择陈设品色彩时，必须了解室内环境色彩的基本知识。

（1）背景色彩。

通常指室内固有的天花板、墙壁、门窗、地板等部位的大面积色彩。

（2）主体色彩。

通常指可以移动的家具、织物等中等面积色彩。是构成室内环境最重要的部分，也是构成各种色调最基本的因素。

（3）点缀色彩。

通常指室内环境中最易于变化的小面积色彩。如壁挂、靠垫、摆设品，往往采用最为突出的强烈色彩以构成对比形成视觉中心，使气氛活泼。

【案例分析】

本案空间整体色调采用雅致的咖啡色调，背景色、主体色采用咖啡色、灰色、米色搭配，点缀色用采用明亮的奶咖色，现代风格的典型色彩搭配，体现简洁与品质感。（见图 5-35、5-36）

图 5-35

图 5-36

【案例分析】

本案空间整体色调采用深沉的黑色调搭配神秘的紫色，内敛中透露高贵品质，餐桌精致明亮的餐具搭配边桌上黑色的动物摆件、米色的装饰蜡烛，优雅而华丽。（见图 5-37、5-38）

图 5-37

图 5-38

【案例分析】

本案空间整体色调鲜明，采用红色与灰色的搭配，背景色、主体色采用大面积红色、桃红色花卉图案、波点的搭配，富有节奏感，灰色在空间中起到平衡与协调的作用，点缀色采用明亮的奶咖色、白色、朴实的木色，整体氛围展现出居室温馨、自然、活泼的特点。（见图5-39、5-40）

图 5-39

图 5-40

【案例分析】

本案空间是清新亮丽的田园风格，沙发组合的形式与色彩成为空间的视觉亮点。整体色调是明快的暖色调，背景色采用浅色，主体色明度较高，沙发浅桃红与粉绿的对比，展现了轻松与温馨的氛围，尽显女性柔美的风格特征。（见图 5-41、5-42）

图 5-41

图 5-42

【案例分析】

本案空间带有法式风格的清新与优雅，沙发组合的形式与色彩成为空间的亮点。整体色调呈现明快的冷色调，背景色采用浅色，主体色明度较高，沙发浅蓝灰、米白色与黑色的搭配形成对比，路易十六风格扶手椅与阿诺·雅克比松设计的蛋椅的搭配相得益彰，蓝灰色规则图案地毯的运用打破空间的单调，一个温馨、沉静、典雅的起居室跃于眼前，适合家人与朋友阅读、交流。（见图 5-43、5-44）

图 5-43

图 5-44

5.4.2 室内陈设物品的主要陈列方式

1. 墙面陈列

常见墙面陈设品有装饰画、相框、挂件、纺织品、装置、隔板、壁橱、镜子等。

【案例分析】

图 5-45 照片墙规则陈列体现平稳、安静的感觉；图 5-46 照片墙与五星挂件不规则陈列，使整个墙面装饰尽显活泼，富有节奏感。

图 5-45

图 5-46

【案例分析】

图 5-47 居室富有洛可可（路易十五风格）风格的柔美，墙面搭配对称的壁灯与东方色彩的装饰画，与整体空间相得益彰；图 5-48 墙面采用对称形式展示烛台与富有曲线美的镜面，墙面装饰显得简洁而灵动。

图 5-47

图 5-48

2. 台面陈设

台面陈列就是将陈列品陈设在各种书桌、餐桌、茶几、矮柜、床头柜、梳妆台的台面上，是室内空间中最常见、覆盖面最宽、陈设内容最丰富的陈列方式。

【案例分析】

图 5-49 餐边柜台面陈列陶瓷器皿、玻璃器皿和一只活泼的大象，物与物间注意体积比、高低错落与“三角”构图关系，墙面搭配抽象画让这个局部统一起来，画面显得饱满；图 5-50 茶几陈列简洁的玻璃瓶插花以及玻璃杯具，洁白的马蹄莲在深色调空间中显得明快、现代而富有品位。

图 5-49

图 5-50

【案例分析】

图 5-51 书桌陈列要符合书房和书桌的要求，避免复杂和琐碎，不需要太多装饰品；图 5-52 卧室床头柜陈列台灯与镜框，体现卧室装饰的实用性与温馨感。

图 5-51

图 5-52

3. 橱架陈列

台面陈列是一种兼具储藏作用的展示方式。适合于橱架展示的陈设物品很多，如书籍杂

志、陶瓷、奖杯、纪念品、个人收藏品等。(见图 5-53 ~ 5-56)

图 5-53

图 5-55

图 5-55

图 5-56

5.5　软装文本的制作

作为一名软装设计师，除了熟悉软装设计流程、软装设计元素和陈设布置技巧之外，还需要掌握软装文本制作内容与制作方法。

5.5.1　软装文本制作工具与能力要求

软装文本制作需要设计师掌握一定的软件操作技巧，常用软件有：

文字类：Microsoft Word、Microsoft Excel；

排版类：Photoshop、Microsoft Powerpoint。

对软装设计师的能力要求：具备文字表达能力、创意策划能力、方案表达与沟通能力、审美能力等，能将项目概况、客户定位、设计理念、设计意图、风格定位、色彩分析等准确地表达出来。

5.5.2 软装文本制作内容

软装文本一般包含以下内容：

封面、设计概念分析图（图文并茂的说明书）、主要空间效果图、各空间陈设方案展示图、陈设品报价清单。

【案例分析】

常州星河湾国际别墅样板房软装方案（于强室内设计师事务所）

1. 封 面

设计要求：排版简洁、明快、整体性强，与陈设方案风格有一定联系。如本案例的封面（见图 5-57），直观明朗，没有多余的内容，显得专业性强。

空间效果图 Space Design

YuQiang & Partners
于強室內設計師事務所 配飾部

图 5-57

2. 设计概念分析图

设计要求：排版精致、文字准确、设计构思巧妙、图文并茂。可以有一定图案、符号，忌过于复杂，内容要反应室内设计的特点。（见图 5-58、5-69）

设计元素

东方、时尚、自然、简洁的手法，演绎现代中式“书香门第”的气韵。

图 5-58

饰品感觉图片

图 5-59

3. 主要空间效果图

设计要求：手绘效果图扫描后进行排版，注意图底关系，辅以简要的文字说明，版面要求清爽、整洁；内容要求体现出界面设计特点、设计风格；家具、灯饰、摆件、挂饰、窗帘等特征，色彩、材质表达明确。（见图 5-60、5-61）

图 5-60

图 5-61

4. 各空间陈设方案展示图

设计要求：此部分内容较多，特别注意排版的整体协调性及形式美感，注意文字大小及其与图的位置关系。内容要求每个区域的空间平面图，展示家具、灯具、挂饰、摆件、绿植、装置、布艺等示意图片，并配以简明扼要的文字说明。（见图 5-62 ~ 5-69）

负一层户外庭院、休闲区区域

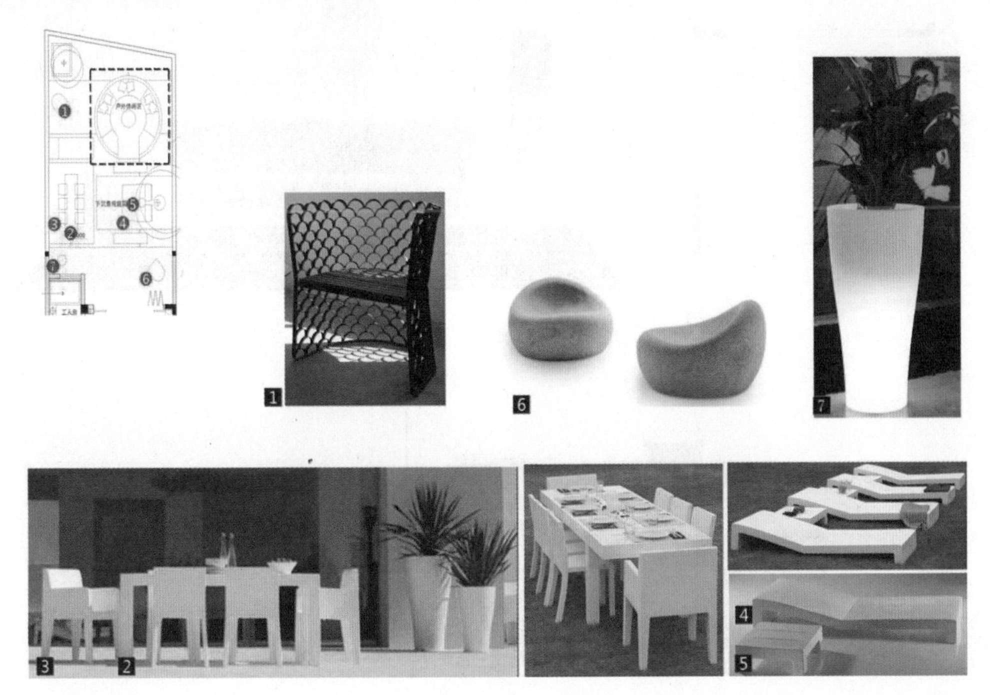

图 5-62

负一层茶艺区、书画区

图 5-63

负一层影音室、过厅区域

图 5-64

一层客厅区域

图 5-65

一层酒吧、餐厅、露台区域

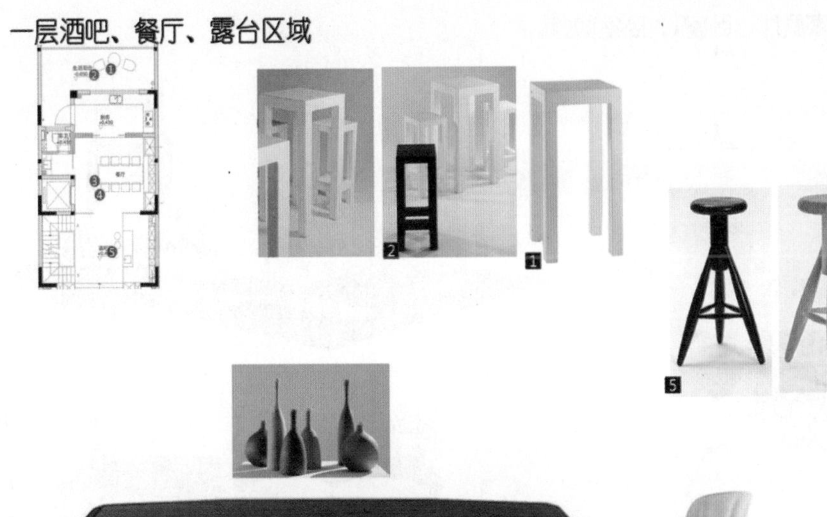

图 5-66

二层父母房、休闲区

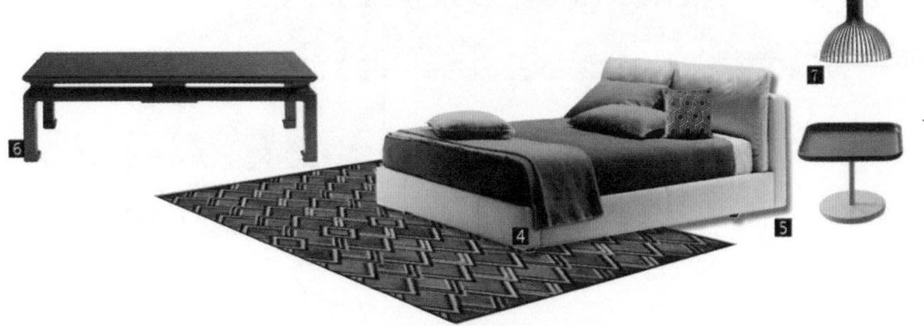

图 5-67

二层家庭厅、卧室1、卧室2区域

图 5-68

三层主卧区域

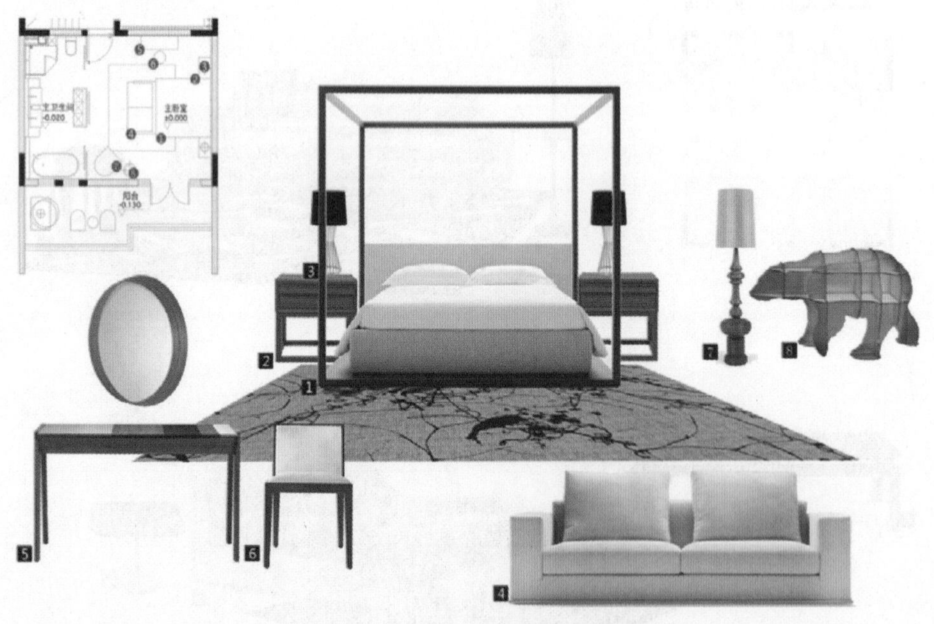

图 5-69

5. 陈设品报价清单

设计要求：PPT 展示版块要求图表与图底主次分明，表达清晰。内容要求：家私报价清单、灯具报价清单、饰品报价清单等。（见表 5-2）

表 5-2

编号	类别	应用范围	图片	材质及尺寸	数量	单价	合计
F-01	Innermost 户外椅	负一层 庭院		钢和实木 850×560×H770	1		
F-02	Vondom 户外桌	负一层 庭院		亚光表面 LLDPE 1 800×900×750	1		
F-03	Vondom 户外椅	负一层 庭院		亚光表面 LLDPE 580×550×800	6		
F-04	Vondom 躺椅	负一层 庭院		亚光表面 LLDPE 2 000×800×30	2		
F-05	Vondom 户外几	负一层 庭院		亚光表面 LLDPE 600×600×200	1		
F-06	实木坐墩	负一层 庭院		实木户外处理 直径 780，高 600； 直径 640，高 510	2		
F-07	Cassina 书桌	负一层 书画区		老榆木纯手工 2 530×1 020×740	1		
F-08	书　椅	负一层 书画区		实木＋软包 长 620×宽 650× 高 1 200	1		
F-09	沙　发	负一层 茶艺区		曲木真皮垫 标准尺寸	2		
F-10	边　桌	负一层 茶艺区		榆木 直径 800×高 380	1		

续表

编号	类别	应用范围	图片	材质及尺寸	数量	单价	合计
F-11	休闲沙发	负一层过厅		布艺软包 2 100×700×1 200	1		
F-12	边　几	负一层过厅		实木 直径 480×高 520	1		
F-13	沙　发	负一层影视厅		布艺软包 2 500×1 100×720	1		
F-14	茶　几	负一层影视厅		橡木 直径 900×高 420	1		
F-15	Vondom 户外吧台	一层阳台		亚光表面 LLDPE 500×500×1 000	1		
F-16	Vondom 户外吧椅	一层阳台		亚光表面 LLDPE 300×300×750	2		
F-17	de la espada 餐桌	一层餐厅		胡桃木 2 800×1 100×750	1		
F-18	Cassmaina 餐椅	一层餐厅		亚光表面 LLDPE 870×615×495	8		
F-19	de la espada 吧椅	一层水吧		橡木 直径 440×730	2		
F-20	转角沙发	一层客厅		布艺软包 长 3 200×宽 2 100×高 800	1		
F-21	茶　几	一层客厅		胡桃木索色 1 600×700×320 1 300×900×450	1		

续表

编号	类别	应用范围	图片	材质及尺寸	数量	单价	合计
F-22	圈　椅	一层客厅		木质白漆 650×550×890	1		
F-23	休闲墩子	一层客厅		毛线手工编织 直径 580×高 380	1		
F-24	鸟笼椅	一层客厅		实木清漆 660×850×1 400	2		
F-25	Hay 边几	一层客厅		粉末涂层钢 380×380×580	1		
F-26	床	二层 父母房		布艺软包 1 800×2010×760	1		
F-27	Channels 床头几	二层 父母房		黑色亚光漆面和橡木基座 W600×D600×H400	2		
F-28	床尾凳	二层 父母房		实木索色 1 500×480×540	1		
F-29	双人沙发	二层 休闲区		布艺软包 1 800×960×680	1		
F-30	边　几	二层 休闲区		胡桃木索色 直径 580×高 620	1		
F-31	Cassmania 休闲椅	二层 家庭厅		金属 830×750×790	1		

续表

编号	类别	应用范围	图片	材质及尺寸	数量	单价	合计
F-32	实木几	二层 家庭厅		实木原色 直径 500×高 600	1		
F-33	床	二层 男孩房		布艺软包 1 500×2 010×720	1		
F-34	Ibride 床头几	二层 男孩房		高密度层压板 630×820×410	1		
F-35	书　椅	二层 男孩房		实木框架＋布艺 580×620×810	1		
F-36	毛线 编织墩子	二层 男孩房		毛线编织 直径 520×高 440	1		
F-37	床	二层 女孩房		布艺软包 1 500×2 010×1 200	1		
F-38	书　桌	二层 女孩房		实木清漆 840×620/700	1		
F-39	书　椅	二层 女孩房		实木框架＋布艺 580×600×810	1		
F-40	衣　架	二层 女孩房		实木清漆 320×320×1 680	1		
F-41	床	三层主卧		实木框架＋布艺软包 2 000×2 100×2 100	1		

续表

编号	类别	应用范围	图片	材质及尺寸	数量	单价	合计
F-42	床头柜	三层主卧		实木清漆 700×450×560	2		
F-43	双人沙发	三层主卧		布艺软包 1 800×1 000×600	1		
F-44	Ibride 书架	三层主卧		高密度层压板 950×1 800×600	1		
F-45	梳妆台	三层主卧		实木索色 1 400×480×720	1		
F-46	梳妆椅	三层主卧		实木框架＋软包 520×480×760	1		
F-47	Vondom 户外椅	三层主卧 阳台		亚光表面 LLDPE 标准产品	2		
F-48	Vondom 户外椅	三层主卧 阳台		亚光表面 LLDPE 700×700×720	1		
F-49	休闲坐墩	三层衣帽 间		藤艺编织 直径 860×高 360 直径 600×高 410	2		
F-50	实木 户外桌	三层露台		实木户外处理 1 800×680×560	1		
F-51	实木户 外墩子	三层露台		实木户外处理 直径 380×高 320/400/480	6		
工程税金及运费							¥61，690.00
合　计：							¥679，280.00

注：图中默认尺寸单位为 mm。

附录
常用表格及参数

附表1　客户咨询表

一、整体

1. 你对哪个地域的文化、生活更感兴趣？

2. 你个人的着装风格和最喜欢的色彩是什么？

① 你爱穿着：西装（　　）运动服（　　） T 恤衫牛仔裤（　　）唐装（　　）野性的机车服（　　）

② 你偏爱哪种色彩效果？淡雅的（　　）现代的（　　）强烈的（　　）

③ 颜色是否会影响或传达你的行为方式？

④ 你喜欢大多数颜色还是偏爱某几种？

⑤ 你喜欢的颜色是：明亮的（　　）柔和的（　　）甜美的（　　）浓郁的（　　）富丽的（　　） 梦幻的（　　）对比的（　　）中性色的（　　）单一色的（　　）近似色的（　　）

3. 你有宗教信仰吗？

4. 在装修中有没有禁忌？

5. 列举你喜欢的装饰风格，最好提供图片资料。

6. 你对以前房屋的设计及装修有何遗憾？

7. 在设计中你是否在某一局部考虑特殊的文化氛围？

8. 有无旧家具或特殊物品的安置？

9. 你养宠物吗？

10. 这次装修后的更换周期大概是多少时间？

11. 家庭成员组成？在未来几年是否会发生变化？

例：小孩出生（　　）成年的孩子离开（　　）伴侣入住（　　）其他说明（　　）

12. 家庭成员中谁将在设计决定中举足轻重？

你一个人做决定（　　）其他家庭成员参与到设计决定过程中来（　　）在整个过程中是否由专业设计师来承担总体控制？

二、风格与生活方式

1. 你的住所是什么类型的房子？

别墅（　　）普通住宅（　　）单身公寓（　　）四合院（　　） LOFT（　　）

老洋房（　　）其他（　　）已购买（　　）或租住（　　）

你家的建筑物是什么风格的？你家的设计是否要遵循某种特定的风格？

室内风格和建筑物风格是否要一致？

你是要一个非常纯粹、一致的某种特定风格的室内，还是要一个混搭的风格？

2. 你喜欢什么样的生活方式？

随意的（　　）较正式的（　　）传统的（　　）现代的（　　）奢华的（　　）

3. 你常在家里招待朋友吗？你常用什么样的招待方式？

① 交谈：在客厅（　　）在厨房（　　）在户外露台（　　）其他（　　）

② 看电视：在客厅（　　）在厨房（　　）在户外露台（　　）在卧室（　　）

你总共需要几台电视？看电视的活动是否需要和其他活动分开？

③ 音乐：架子鼓（　　）钢琴（　　）视听室（　　）

④ 游戏和娱乐：桥牌（　　）围棋象棋（　　）拖拉机扑克（　　）桌球（　　）乒乓（　　）跳舞（　　）经常玩（　　）偶尔玩（　　）

⑤ 是否需要儿童游戏区？在客厅（　　）在儿童卧室（　　）在户外草地（　　）

4 你需要一个什么样的厨房？

很简单的，因为很少在家做饭（　　）面积较大的，设施齐全的（　　）中等的，便于操作的（　　）独立的（　　）开放式的（　　）半开放式的（　　）

5. 你有什么好的收藏需要展示出来？瓷器（　　）书画（　　）水晶制品（　　）木雕（　　）其他（　　）

6. 你在家里工作吗？什么类型的工作？

7. 你在家里缝纫吗？画画吗？

8. 你有什么个人习惯？抽烟（　　）家庭其他成员抽烟（　　）饮酒（　　）品茶（　　）喝咖啡（　　）是否需要专门的吸烟区（　　）酒吧台（　　）茶室（　　）

三、变　动

1. 你将在这套房子居住多久？少于五年（　　）五至十年（　　）永久（　　）

2. 是否会买第二套住宅？哪些家具有可能搬过去？

四、光　线

1. 自然光线

充沛的阳光让你感到活力四射（　　）你有眼部疾患会对阳光感觉不适（　　）其他（　　）

2. 艺术照明

你偏爱哪种照明方式：均匀的柔和照明（　　）戏剧化的重点照明（　　）

你是否需要特殊任务下的特别照明？

五、节能环保

你想采用哪些节能环保措施：太阳能（　）空气热源泵（　）墙体限热（　）节能灯（　）

六、资　金

你能承担的资金是多少？

附表2　家装工程验收单样表

××装饰公司

家装工程验收单

工 程 项 目 ：________________________

工 程 地 点 ：________________________

施 工 期 限 ：________________________

施工负责人：________________________

材料验收

产品名称	品　牌	合格√	监理验收	客户验收
		不合格	签字及日期	签字及日期
1. 木工板				
2. 杉木集成板				
3. 三厘板				
4. 五厘板				
5. 九厘板				
6. 十二厘板				
7. 澳松板				
8. 饰面板				
9. 石膏板				
10. 木方				
11. 防潮板				
12. 实木线条				
13. 塑铜电线				
14. 水泥				
15. 塑铜双色线				
16. 网络线				

17. 电话线				
18. 有线电视线				
19. 白乳胶				
20. 原子灰				
21. 901 胶				
22. PVC 穿线管				
23. PVC 下水管				
24. 扣板				
25. PP-R 水管				
26. 油漆				
27. 乳胶漆				

一、水路验收内容

1. 水路材料是否合格及符合要求（包括客户指定）。

   合格 □　　　　不合格 □

2. 水路排布是否合理，定位尺寸准确，左热右冷。

   合格 □　　　　不合格 □

3. 水试压是否合格。

   合格 □　　　　不合格 □

4. 水管固定是否牢固，封补平、实。

   合格 □　　　　不合格 □

5. 出水口的高度及间距是否正确及符合客户要求（电器尺寸）。

   合格 □　　　　不合格 □

6. 水路与电、气路交叉时是否正确。

   合格 □　　　　不合格 □

7. 地漏定位是否合格。

   合格 □　　　　不合格 □

8. 下水管坡厚及浴缸排水是否封闭好且是硬管对准落水口。

   合格 □　　　　不合格 □

9. 您对该工段施工的满意度。

   非常满意□　基本满意□　感觉一般□　不满意□　很不满意□

10. 您对该工段设计师服务的满意度。

    非常满意□　基本满意□　感觉一般□　不满意□　很不满意□

分段验收结果：	
业主签字：	公司签字：

二、电路验收内容

1. 材料是否符合质量要求及客户要求。
   合格 □ 不合格 □
2. 电路排布是否合理，空调、厨、卫专线分布。
   合格 □ 不合格 □
3. 线管、线盒固定是否合格，两者之间连接牢固。
   合格 □ 不合格 □
4. 线管之间，特别是地下部分不允许有接头。
   合格 □ 不合格 □
5. 强、弱电排布分路是否合理。
   合格 □ 不合格 □
6. 线管的封补是否合格。
   合格 □ 不合格 □
7. 电路、水路、气路有交叉时是否合格。
   合格 □ 不合格 □
8. 开关、插座位置是否合理，使用是否方便、安全（柜下、洗衣机）。
   合格 □ 不合格 □
9. 您对该工段施工的满意度。
   非常满意□ 基本满意□ 感觉一般□ 不满意□ 很不满意□
10. 对该工段设计师服务的满意度。
   非常满意□ 基本满意□ 感觉一般□ 不满意□ 很不满意□

分段验收结果：	
业主签字：	公司签字：

三、泥工部分验收内容

1. 基层处理正确，平整光洁（刮白铲除，光滑面毛）。
   合格 □　　　　不合格 □
2. 材料是否合格，符合客户要求。
   合格 □　　　　不合格 □
3. 墙、地面砖与基层结合紧密，无空鼓。
   合格 □　　　　不合格 □
4. 砖表面是否光滑平整、洁净、接缝均匀、顺直。
   合格 □　　　　不合格 □
5. 卫生间地砖坡度是否符合要求，不泛水，无积水。
   合格 □　　　　不合格 □
6. 厨、卫地砖无划痕、磨损及污染。
   合格 □　　　　不合格 □
7. 水管及面板周围的切口均匀、严密。
   合格 □　　　　不合格 □
8. 您对该工段施工的满意度。
   非常满意□　基本满意□　感觉一般□　不满意□　很不满意□
9. 您对该工段设计师服务的满意度。
   非常满意□　基本满意□　感觉一般□　不满意□　很不满意□

分段验收结果：	
业主签字：	公司签字：

四、防水部分验收内容

1. 做防水处理基层表面应平整，不得有松动、空鼓、起沙、开裂等缺陷。
   合格 □　　　　不合格 □
2. 防水层应从地面延伸到墙面，高出地面 150 mm；有房间的墙面满刷。
   合格 □　　　　不合格 □

3. 做渗水试验检查管壁周围及墙角处有无渗水。

合格 □　　　　　　不合格 □

4. 您对该工段施工的满意度。

非常满意□　基本满意□　感觉一般□　不满意□　很不满意□

5. 您对该工段设计师服务的满意度。

非常满意□　基本满意□　感觉一般□　不满意□　很不满意□

分段验收结果:	
业主签字:	公司签字:

五、木作检查内容

（一）面　层

1. 材料符合设计及客户要求。

合格 □　　　　　　不合格 □

2. 吊顶龙骨安装牢固，尺寸合理，周边在同一高度。

合格 □　　　　　　不合格 □

3. 罩面板与龙骨连接牢固紧密、表面平整。

合格 □　　　　　　不合格 □

4. 有吊灯和检查孔时的吊顶应加固。

合格 □　　　　　　不合格 □

5. 石膏板应用黑头自功丝固定，安装正确、合理。

合格 □　　　　　　不合格 □

6. 木作家具及装饰线与墙面顶面交接严密、横平竖直。

合格 □　　　　　　不合格 □

7. 门窗安装牢固，横平竖直，高低一致，五金安装齐全。

合格 □　　　　　　不合格 □

8. 家具门及房门开启灵活，无响声、不变形。

合格 □　　　　　　不合格 □

9. 木作门窗套及装饰线安装牢固，横平竖直，接缝平直、紧密。

合格 □　　　　　　不合格 □

10. 基层内有穿线管布线的木作要作防火处理。

合格 □　　　　　　　　不合格 □

（二）面　层

1. 材料符合设计及客户要求。

合格 □　　　　　　　　不合格 □

2. 厨卫吊顶平整接缝均匀，阴角线平直，接缝严密并紧贴墙面。

合格 □　　　　　　　　不合格 □

3. 吊顶造型符合设计要求和技术要求。

合格 □　　　　　　　　不合格 □

4. 饰面板牢固、平整，接缝均匀，不脱胶，边角不起翘，不允许有钉帽外露。

合格 □　　　　　　　　不合格 □

5. 实木线条及装饰线收边，颜色与饰面板基本一致，并且凸凹分明，光顺直。

合格 □　　　　　　　　不合格 □

6. 饰面板及成品保护要做好。

合格 □　　　　　　　　不合格 □

7. 您对该工段施工的满意度。

非常满意□　基本满意□　感觉一般□　不满意□　很不满意□

8. 您对该工段设计师服务的满意度。

非常满意□　基本满意□　感觉一般□　不满意□　很不满意□

分段验收结果：	
业主签字：	公司签字：

六、油漆检查内容

1. 材料是否符合客户要求。

合格 □　　　　　　　　不合格 □

2. 表面化无起皮、反碱、咬色、流挂、疙瘩、开裂。

合格 □　　　　　　　　不合格 □

3. 涂料颜色均匀一致不透底，无明显刷纹。

合格 □　　　　　　　　不合格 □

4. 不同颜色的涂料分色线及收边线是不是横平竖直。

合格 □　　　　　　　　不合格 □

5. 油漆表面光滑平整，手感柔和无挡手感。

合格 □　　　　不合格 □

6. 漆膜饱满，颜色一致，无刷纹，大面无流坠、皱皮、咬色。

合格 □　　　　不合格 □

7. 清水漆棕眼刮平，颜色一致，木纹清晰。

合格 □　　　　不合格 □

8. 您对该工段施工的满意度。

非常满意□　基本满意□　感觉一般□　不满意□　很不满意□

9. 您对该工段设计师服务的满意度。

非常满意□　基本满意□　感觉一般□　不满意□　很不满意□

分段验收结果：	
业主签字：	公司签字：

七、安装部分

1. 阀门安装正确，开启灵活、方便。

合格 □　　　　不合格 □

2. 阀门及龙头接头处无渗水、漏水现象。

合格 □　　　　不合格 □

3. 开关龙头、面盆、浴缸等洁具无污染、无破损、无划痕。

合格 □　　　　不合格 □

4. 排水管道畅通。

合格 □　　　　不合格 □

5. 墙面出水管的护盖严密、紧贴墙面。

合格 □　　　　不合格 □

6. 台盆与台板之间密封是否严密，台盆位置正确。

合格 □　　　　不合格 □

7. 坐便器安装牢固。

合格 □　　　　不合格 □

8. 五金挂件固定。

合格 □　　　　不合格 □

9. 所有线路接通，开关接触良好，工作正常。

合格 □　　　　不合格 □

10. 灯具、电路及控制面板洁净。
合格 □ 不合格 □
11. 控制面板及灯具安装牢固、方正，顶灯与顶面接触严密。
合格 □ 不合格 □
12. 同一空间、控制面板、插座是否分别在同一高度；不同空间也力争同一高度。
合格 □ 不合格 □
13. 插座是否左零右火上地线。
合格 □ 不合格 □
14. 您对该工段施工的满意度。
非常满意□ 基本满意□ 感觉一般□ 不满意□ 很不满意□
15. 您对该工段设计师服务的满意度。
非常满意□ 基本满意□ 感觉一般□ 不满意□ 很不满意□

分段验收结果：	
业主签字：	公司签字：

八、总体验收（为帮助我们进一步提高整体服务，请您对以下项目评分）

1. 您对总体施工的满意度。
非常满意□ 基本满意□ 感觉一般□ 不满意□ 很不满意□
2. 您对施工人员的满意度。
非常满意□ 基本满意□ 感觉一般□ 不满意□ 很不满意□
3. 您对现场施工管理的满意度。
非常满意□ 基本满意□ 感觉一般□ 不满意□ 很不满意□
4. 您对施工现场卫生的满意度。
非常满意□ 基本满意□ 感觉一般□ 不满意□ 很不满意□
5. 您成品保护的满意度。
非常满意□ 基本满意□ 感觉一般□ 不满意□ 很不满意□
6. 您对设计师设计图纸绘制的满意度。
非常满意□ 基本满意□ 感觉一般□ 不满意□ 很不满意□
7. 您对设计师设计作品的满意度。
非常满意□ 基本满意□ 感觉一般□ 不满意□ 很不满意□

8. 您对设计师服务的满意度。

非常满意□ 基本满意□ 感觉一般□ 不满意□ 很不满意□

分段验收结果：	
业主签字：	公司签字：

参考文献

[1] 全国一级建造师执业资格考试用书编写委员会. 建设工程法规及相关知识[M]. 2版. 北京：中国建筑工业出版社，2010.

[2] 杨家学. 房地产开发流程[M]. 北京：法律出版社，2010.

[3] www.baidu.com 百度文库网站.

[4] www.sqxb.com 北京尚权律师事务所网站.

[5] www.findlaw.cn 找法网.

[6] 何峰. 建筑法规与房地产法规实务[M]. 2版. 成都：西南交通大学出版社，2013.

[7] 严建中. 软装设计教程[M]. 南京：江苏人民出版社，2013.